AF341296

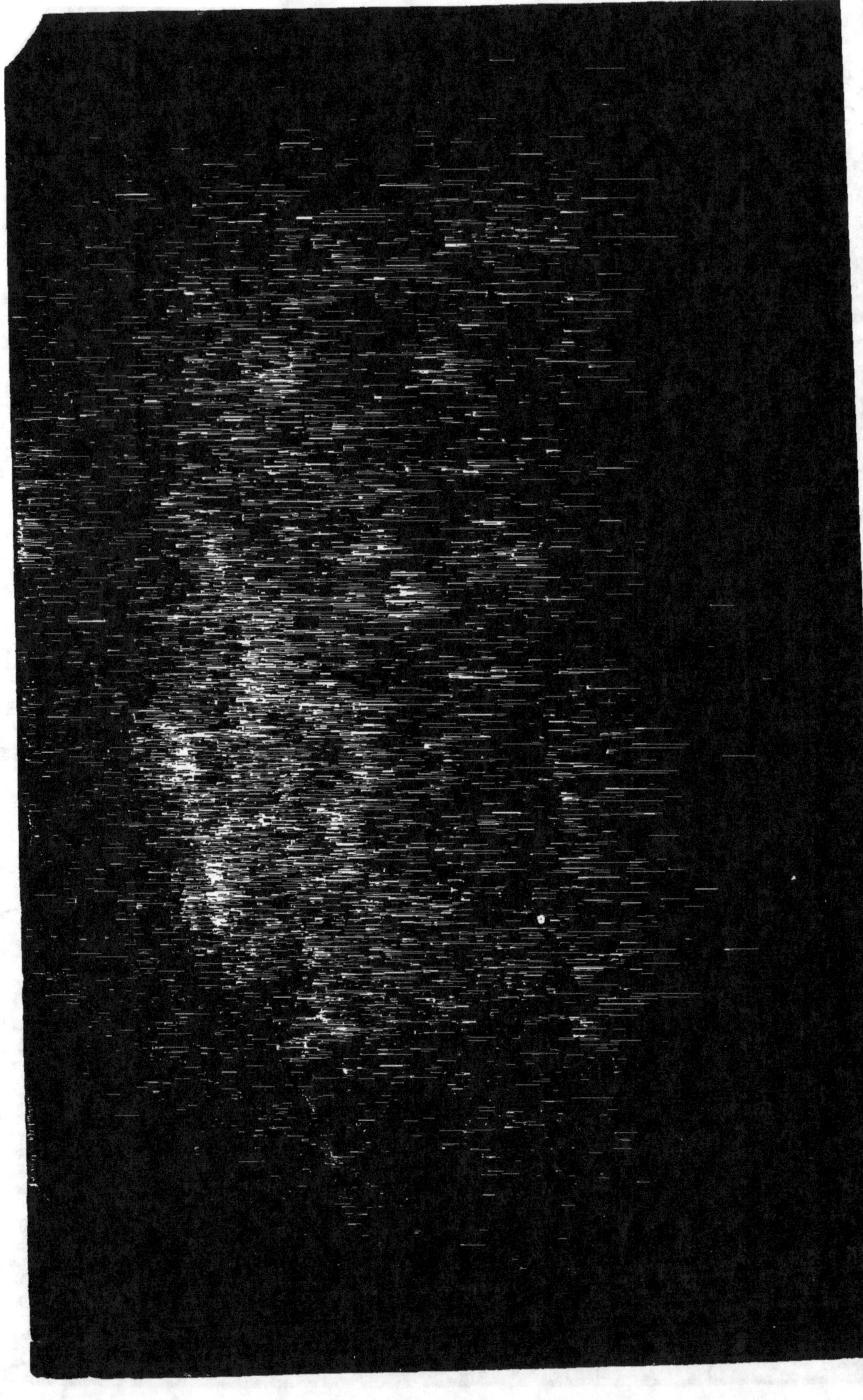

ÉTUDE

SUR LA

PROSPECTION ÉLECTRIQUE

DU SOUS-SOL

PARIS. — IMPRIMERIE GAUTHIER-VILLARS ET Cⁱᵉ,

88725-30   Quai des Grands-Augustins, 55.

ÉTUDE

SUR LA

PROSPECTION ÉLECTRIQUE

DU SOUS-SOL

Par C. SCHLUMBERGER

Ingénieur en chef des Mines

Ancien Professeur à l'École Nationale supérieure des Mines

DEUXIÈME ÉDITION

RÉIMPRESSION, SANS MODIFICATION, DE L'ÉDITION DE FÉVRIER 1920

PARIS

GAUTHIER-VILLARS ET Cie, ÉDITEURS

LIBRAIRES DU BUREAU DES LONGITUDES, DE L'ÉCOLE POLYTECHNIQUE

Quai des Grands-Augustins, 55.

—

1930

PRÉFACE
DE LA PREMIERE ÉDITION.

La perméabilité magnétique est la seule propriété physique des roches et minéraux qui ait été pratiquement mise à profit pour l'investigation en profondeur du sous-sol par des observations faites à la surface. On sait en effet que certains gisements de magnétite ont été étudiés à la boussole, en déterminant les perturbations qu'ils provoquent dans leur voisinage sur l'intensité ou la direction du champ magnétique terrestre. Les autres propriétés également susceptibles de se prêter à des recherches faites à distance, telles que la densité, l'élasticité, le pouvoir inducteur spécifique (¹), la perméabilité aux rayons X, la conductibilité électrique, n'ont donné lieu jusqu'ici qu'à des travaux relativement peu importants, qui n'ont pas encore abouti à des résultats sanctionnés par la pratique industrielle.

Parmi les méthodes de prospection que l'on peut ainsi imaginer, celles basées sur la conductibilité électrique sont particulièrement

---

(¹) La densité des roches du sous-sol est mesurable au moyen du pendule grâce à l'attraction newtonienne. Ainsi la présence d'un gros amas de pyrite (densité 5) se ferait sentir au jour par une légère diminution de la durée d'oscillation du pendule. Malheureusement, les très faibles perturbations ainsi produites sont à la limite de la précision des mesures ; elles sont masquées si le sol n'est pas bien horizontal, car les montagnes ou collines entraînent elles aussi par leur masse des variations dans la durée d'oscillation.

L'élasticité des roches pourrait être étudiée par des mesures de la vitesse de propagation du son dans le sol. On ne s'est encore guère préoccupé à ce sujet que de la propagation à grande distance des ébranlements sismiques qui intéressent l'écorce terrestre aux grandes profondeurs.

Le pouvoir inducteur spécifique intervient dans la propagation des ondes hertziennes.

attrayantes. Elles s'appuient en effet sur des mesures précises, permettent d'aborder une grande variété de problèmes géologiques et enfin visent directement les minéraux métalliques bons conducteurs de l'électricité. Aussi est-ce dans cette voie que j'ai conduit une série de recherches (¹), commencées au début de 1912, interrompues en août 1914 par la guerre, et que le présent Mémoire a pour objet d'exposer sommairement (²).

Cette étude est divisée en neuf Chapitres.

Le Chapitre I résume les essais de prospection électrique faits antérieurement à 1912 par différents chercheurs.

Le Chapitre II donne des indications sommaires sur la nature et l'ordre de grandeur de la conductibilité électrique des diverses roches et minerais.

Le Chapitre III contient l'exposé théorique de la méthode appliquée sous le nom de « méthode de la carte des potentiels ». Cette partie du Mémoire ne contient pas de développement mathématique, mais n'en a pas moins un caractère théorique un peu abstrait. Elle peut être parcourue rapidement par le lecteur qui s'intéresse surtout aux applications pratiques et n'a besoin pour les comprendre que de retenir quelques principes fondamentaux relativement simples.

(¹) Au cours de ces travaux, j'ai trouvé l'aide efficace de nombreuses personnes qui ont facilité ma tâche. Parmi mes collaborateurs ayant expérimenté sur le terrain je citerai notamment mon frère, M. Daniel Schlumberger. Pour les questions d'ordre théorique, M. Liénard, sous-directeur de l'École des Mines, m'a donné d'utiles conseils. Enfin, j'ai reçu un accueil très bienveillant auprès de diverses sociétés minières qui m'ont autorisé à travailler dans leurs concessions et ont mis à ma disposition les moyens matériels nécessaires. Je dois mentionner et remercier en particulier les Sociétés de : Saint-Gobain, Penarroya, Châtillon-Commentry, Mines de Bor, Mines de Campanario, Hauts Fourneaux de Caen.

(²) Pour prendre date et protéger éventuellement des applications industrielles des procédés étudiés, j'ai pris plusieurs brevets de principe, notamment : brevets français, 460 179 du 27 septembre 1912 et 457 661 du 8 mai 1913 ; brevet allemand, 269 928 du 5 novembre 1912 ; brevets américains, 1 163 468 du 2 janvier 1913, et 1 163 496 du 25 septembre 1913.

Le Chapitre IV décrit le mode opératoire employé. Il indique le détail des procédés et des appareils.

Le Chapitre V développe la manière d'appliquer la carte des potentiels à l'étude d'un terrain stratifié redressé et il appuie ces considérations générales de l'exemple d'expériences pratiques effectuées sur le Silurien de la Normandie.

Le Chapitre VI traite dans les mêmes conditions le cas de l'étude d'un amas conducteur de pyrite et résume les travaux faits à ce sujet sur la lentille de Bor (Serbie).

Le Chapitre VII a pour objet la répartition du courant en profondeur dans le sol.

Le Chapitre VIII aborde un domaine différent, celui de la « polarisation provoquée », c'est-à-dire des phénomènes d'électrolyse que l'on peut produire dans le sol et éventuellement mettre à profit pour la prospection.

Le Chapitre IX donne la description des phénomènes de « polarisation spontanée », consistant dans les différences de potentiel que l'on observe à la surface du sol, notamment au voisinage des gisements de pyrite. Les causes probables de ces phénomènes et les applications pratiques qui peuvent découler de leur mesure sont étudiées avec un certain détail ([1]).

Février 1920.

([1]) J'ai, depuis octobre 1919, repris ces études en collaboration avec mon frère Marcel Schlumberger. Les nouveaux procédés que nous avons adoptés ne sont pas décrits dans ce Mémoire, car il leur manque encore la sanction d'une large expérimentation sur le terrain.

PRÉFACE
DE LA DEUXIÈME ÉDITION.

Dix ans jour pour jour se sont écoulés depuis la publication en février 1920 de la première édition de ce Mémoire. Nous avons songé souvent à le rééditer, en le complétant par l'exposé des techniques plus récentes. Ce travail nous paraissait d'autant plus nécessaire que le Mémoire de 1920 ne décrit lui-même que les travaux effectués avant guerre. L'évolution trop rapide de procédés qu'on hésite à décrire avant qu'ils soient stabilisés, la crainte d'avancer des affirmations encore insuffisamment contrôlées par des résultats pratiques et aussi le peu de loisirs que laisse la conduite de travaux d'un caractère forcément industriel, nous ont fait renoncer jusqu'à présent à la rédaction d'un nouvel ouvrage complet sur la prospection électrique.

Nous nous apercevons aujourd'hui que certaines de nos objections étaient exagérées et, à défaut de mieux, nous nous décidons à republier, sans modification, ce Mémoire dont l'édition originale est entièrement épuisée depuis 1924. Cette nouvelle édition servira d'abord à nos collaborateurs directs. Elle intéressera peut-être aussi certains de nos collègues géophysiciens qui, un peu partout dans le monde, travaillent aujourd'hui aux progrès des méthodes électriques.

La prospection électrique s'est orientée dans deux voies : l'étude potentiométrique du champ électrique que le courant provoque en s'écoulant dans le sol; l'étude magnétométrique du champ magnétique auquel donne lieu ce même courant.

Disons de suite que cette seconde branche, qui s'étudie à l'aide des phénomènes d'induction et généralement d'amplificateurs à cause de la petitesse des vecteurs à mesurer, n'est pas abordée dans le présent Mémoire. Celui-ci se borne aux études potentiométriques. La forme sous laquelle il les aborde consiste principalement dans la carte des potentiels, avec les notions de courbes équipotentielles et de profils de potentiels. Bien que cette forme conserve encore aujourd'hui, dans certains cas, toute sa valeur pratique, nous nous sommes surtout orientés depuis 1920 vers une notion un peu différente qui est celle de la « résistivité apparente » entre deux points. Celle-ci est la résistivité réelle qu'aurait un sol fictif homogène, pour lequel la même intensité de courant, avec le même dispositif expérimental, donnerait entre les deux points de mesure la différence de potentiel effectivement observée sur le terrain. Cette notion de « résistivité apparente » présente l'avantage d'aboutir à des résultats absolus et chiffrés, qui sont généralement d'une interprétation géologique plus facile que celle de la carte des potentiels. Aussi l'employons-nous couramment aujourd'hui et dès 1923 nous représentions les résultats de nos travaux, de préférence sous la forme de cartes de résistivité du sol (par exemple, prospection de 1923 en Roumanie) [1].

La théorie de la « résistivité apparente » n'est pas développée dans le présent Mémoire, mais la notion de résistivité absolue, à titre de paramètre pour le diagnostic des diverses roches, y est abondamment exposée. La manière de mesurer sur le terrain la résistivité de larges volumes de roches est traitée dans plusieurs cas particuliers.

Le retour en arrière sur des pronostics anciens présente souvent une certaine saveur, car le métier de prophète est ingrat et plein de

---

[1] Vu l'importance pratique de l'application de la méthode de la résistivité apparente, nous avons été amenés en 1925 à prendre un brevet français (n° 615 290, 15 septembre 1925) que nous avons ensuite étendu dans les autres pays, notamment aux États-Unis (n° 1 719 786).

risques. En relisant les conclusions d'ensemble de 1920, nous notons d'abord une erreur. Nous disions alors que la méthode électrique ne s'appliquait pas à l'étude des strates sédimentaires horizontales. Nous avons montré depuis que l'exploration de ces assises est au contraire facile et puissante. C'est ce qui fait de la méthode électrique un procédé souple et efficace pour l'étude stratigraphique et tectonique des grands bassins sédimentaires, aussi est-ce dans cette voie que nous avons spécialement poussé nos recherches.

Nous pensons aussi que les conclusions modestes de 1920 peuvent paraître un peu ternes aujourd'hui, alors que plus d'une centaine de géophysiciens font de la prospection électrique dans les divers pays du globe et que de très nombreux et remarquables mémoires ont été publiés sur ces questions au cours des dernières années.

C. et M. Schlumberger.

Février 1930.

ÉTUDE

SUR LA

PROSPECTION ÉLECTRIQUE

DU SOUS-SOL

CHAPITRE I.

ESSAIS DE PROSPECTION ÉLECTRIQUE ANTÉRIEURS A 1912 [1].

Méthode par mesure de résistance. — Brown a fait breveter aux États-Unis, en 1900, un procédé de prospection reposant sur des mesures de résistance et, postérieurement, de nombreux brevets, en partie dus à Mac Clatchey, sont venus compléter la méthode primitive [2]. En voici l'essentiel.

Au moyen d'un dispositif approprié, on mesure la résistance du circuit terrestre compris entre deux points A et B du sol, situés à une distance déterminée l'un de l'autre, par exemple 100^m. Cette base AB de longueur constante est alors déplacée et l'on explore méthodiquement en faisant une série de mesures de résistance dont on compare les résultats. La base est ainsi amenée successivement dans les positions $A_1 B_1$, $A_2 B_2$, $A_3 B_3$ (*fig.* 1).

Si, pour une certaine position $A_3 B_3$ par exemple, on trouve une

---

[1] Ce sont tous les essais qui avaient donné lieu à des publications à l'époque où j'ai entrepris mes expériences. Depuis lors, pendant l'impression de ces pages, j'ai eu connaissance de travaux importants effectués en Suède et dont des comptes rendus ont été publiés au cours de la guerre. Ces études sont résumées dans une annexe en fin de livre.

[2] La liste des brevets américains concernant la question est la suivante : n°s 645 910, 672 309, 681 634, 686 632, 727 077, 736 411, 817 749.

résistance particulièrement faible, c'est, pensent les auteurs, qu'entre les points A_3 et B_3 doit se trouver une masse conductrice telle que Z. On peut donc ainsi déterminer l'emplacement qu'occupent dans le sol. les masses de minerai.

Ce procédé, très simple à première vue, n'a pas donné jusqu'ici à

Fig. 1.

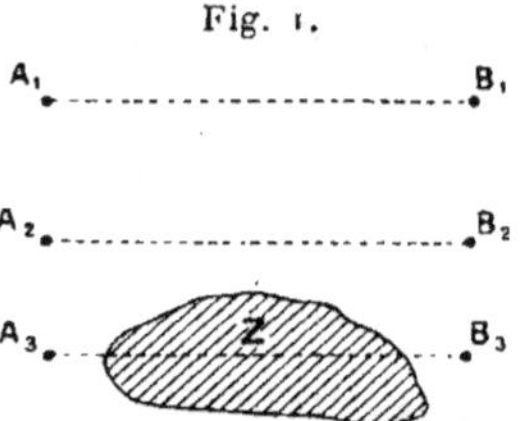

ma connaissance des résultats pratiques. Bien qu'il ne soit pas à rejeter d'une manière absolue, il repose, et les textes des brevets le démontrent surabondamment, sur une conception erronée de la notion de résistance du circuit terrestre entre deux points du sol.

Lorsqu'on fait passer dans le sol, entre A et B, un courant électrique, celui-ci ne s'écoule pas directement de A vers B par le chemin le plus court ; il utilise au mieux toute la section offerte et se répartit dans la terre suivant une loi que l'on peut calculer si le sol est homogène. La figure 2 représente dans ce cas les filets de courants tels qu'ils

Fig. 2.

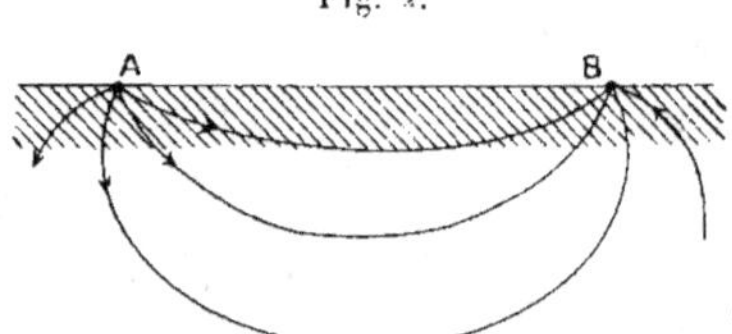

se présentent dans le plan vertical de symétrie passant par AB (¹). On voit nettement, ce qui est d'ailleurs l'évidence même, que ces filets se resserrent considérablement à leurs extrémités en A et B, tandis qu'ils ont une section considérable, certains même une section infinie, dans leur partie médiane. Il en résulte que la résistance du circuit entre A

(¹) Voir pour plus de détails la discussion du problème, page 14.

et B, au lieu d'être répartie régulièrement le long de la base AB comme dans un conducteur cylindrique, se trouve concentrée dans le voisinage immédiat des deux prises de terre A et B, et cela d'autant plus que celles-ci sont de plus petites dimensions. Inversement, la portion du sol où les sections des filets sont grandes intervient à peine dans la valeur de la résistance. ([1]).

Les conclusions pratiques qui découlent de cette observation sont les suivantes, valables par extension dans le cas d'un sol hétérogène : la résistance du circuit terrestre entre deux points A et B dépend essentiellement des dimensions et formes des prises de terre et de la nature du sol dans leur voisinage immédiat ; elle est, par contre, sensiblement indépendante de la constitution du sol dans les régions éloignées des prises et notamment dans la région centrale située entre elles.

Ces faits limitent considérablement la valeur pratique du procédé. En effet, une masse conductrice enfouie dans le sol n'abaissera notablement la résistance du circuit qu'à condition d'être extrêmement près d'une des prises de terre A ou B, et en pareil cas son action sera sensiblement équivalente, qu'elle soit située entre A et B ou dans une autre orientation. D'autre part, et c'est ce qui est le plus grave au point de vue des applications, la valeur de la résistance est dans une large mesure fonction des contingences expérimentales (disposition des prises de terre, état du sol à l'endroit des prises), de sorte que les résultats des mesures sont nécessairement irréguliers et manquent de précision.

Je pense toutefois qu'il est possible dans certains cas de tirer parti de la méthode. Par exemple, lorsqu'une mince couche de terrains superficiels réguliers (terre végétale) masque des roches de constitutions différentes (grès, schistes, roches éruptives), il doit être possible de distinguer par des comparaisons de résistance la nature des roches recouvertes.

([1]) Avec des prises de terre hémisphériques A et B, de rayon r_1 et r_2 très petits vis-à-vis de la distance AB, dans un sol homogène de résistivité ρ, l'expression de la résistance est $R = \dfrac{\rho}{2\pi}\left(\dfrac{1}{r_1} + \dfrac{1}{r_2}\right)$. Dans ces conditions la distance AB n'intervient plus et seules les dimensions des prises jouent un rôle. On voit que le souci de conserver à la base AB une longueur bien constante, comme le veulent les auteurs américains, est en réalité superflu.

Méthode téléphonique ([1]). — Daft et Williams, abandonnant toute mesure de résistance, sont partis du principe suivant. Au moyen d'une ligne isolée L, contenant une bobine d'induction C, ils font passer entre deux points A et B du sol des courants rapidement variables (*fig. 3*). Ils observent au moyen d'une ligne mobile *l*, conte-

Fig. 3.

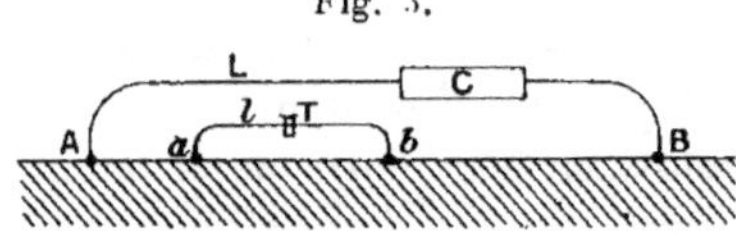

nant un téléphone T et touchant le sol en *a* et *b*, le passage de ces courants dans la terre, conformément au principe utilisé pour la téléphonie par le sol.

Les auteurs ont eu comme préoccupation d'étudier la répartition du courant dans le sol en suivant les filets de courant superficiels avec la ligne téléphonique *l*. Mais ils n'indiquent nulle part avec précision la méthode à appliquer à cet effet et paraissent être restés dans un assez vague empirisme que traduit bien le passage suivant extrait de leur brevet allemand ([2]). « L'observateur a besoin de beaucoup d'expérience et de réflexion pour tirer des conclusions correctes des sons perçus au téléphone, ceux-ci variant comme la voix humaine. Il doit donc partir du connu pour s'acheminer peu à peu vers les phénomènes nouveaux. »

D'après les renseignements contenus dans les articles traitant le sujet, la manière de procéder serait la suivante. On explore le sol en déplaçant, par exemple parallèlement à elle-même, la ligne téléphonique à laquelle on laisse une longueur invariable assez courte

---

([1]) La méthode est décrite dans les brevets suivants : Patente américaine 817 736, anglaise 14 124 (année 1902), allemande 152 519. Les textes sont assez différents les uns des autres, le texte allemand, le dernier en date, étant plus clair que les autres. Les essais ont surtout été faits par une Société anglaise, The Electrical ore Finding C°, qui est entrée en liquidation volontaire le 19 décembre 1905. Un article du *Glückauf* (20 juillet 1907), de W. Petersson, donne des indications intéressantes. On trouve aussi quelques renseignements dans le numéro du 8 juillet 1908 de la *Revista Minera* (Expériences de Slade Olver). Enfin, le Livre de Krusch (*Die Untersuchung und Bewertung der Erzlagerstätten*) résume, page 10, la question sous le titre : « Die elektrische Schürfung ».

([2]) Brevet allemand 152 519, page 2, lignes 98 et suivantes.

(10^m par exemple). En sol homogène, les sons observés restent bien réguliers et constants, alors qu'en sol hétérogène ils varient considérablement d'un point à un autre. La limite d'une hétérogénéité, par exemple d'un gisement métallique, est caractérisée par ce fait que de part et d'autre de cette limite les sons sont très différents comme nature et amplitude.

Bien que des expériences assez complètes aient été entreprises, notamment en Suède en 1906 (voir l'article du *Glückauf*) et qu'on ait obtenu quelques résultats encourageants, la méthode est vraisemblablement à peu près abandonnée à l'heure actuelle ; les annuités des brevets ne sont plus payées. La cause de cet échec me paraît en partie attribuable aux phénomènes d'induction qui ont lieu entre le circuit inducteur LAB et le circuit induit téléphonique *lab* et qui empêchent d'étudier correctement avec la ligne téléphonique la répartition du courant entre les prises de terre A et B, ainsi que nous le verrons plus loin.

Pendant la guerre, le très large emploi de la téléphonie par le sol et des procédés de captage des conversations téléphoniques ennemies a fourni un grand nombre d'observations, notamment au sujet des plus ou moins grandes facilités d'audition suivant la nature du sol. Mais je ne sache pas que ces constatations aient été groupées et étudiées méthodiquement au point de vue géologique.

Méthode par ondes hertziennes. — Les ondes hertziennes traversent les diélectriques, alors qu'elles sont absorbées ou réfléchies par les corps conducteurs. Leur application à la recherche des gisements métalliques est donc logique. Les méthodes à utiliser en pratique ont été surtout étudiées par Löwy et Leimbach qui ont pris divers brevets et publié une série d'études ([1]).

Pour un gisement conducteur C situé dans une montagne constituée de roches bien isolantes (sèches) et présentant deux flancs abrupts, le procédé opératoire est évident. Il suffit de disposer le poste émet-

---

([1]) Brevets : anglais **11 737, 14 057** (1911) ; allemands **237 944**. Articles : *Oestreichische Zeitschrift für Berg und Hüttenwesen*, 18 et 25 novembre et 2 décembre 1911, 2 et 9 novembre 1912 ; *Annalen der Physik*, t. 36, 1911, p. 125 ; *Zeitschrift für praktische Geologie*, 1912, p. 159.

teur E d'un côté de la montagne et d'étudier de l'autre côté, au moyen
d'un poste récepteur mobile R, les ondes qui ont traversé le massif
(*fig.* 4); on devrait ainsi pouvoir déterminer (abstraction faite du
moins des phénomènes de diffraction) les cônes d'ombre provenant
de l'interception des ondes par les masses opaques telles que C.

Fig. 4.

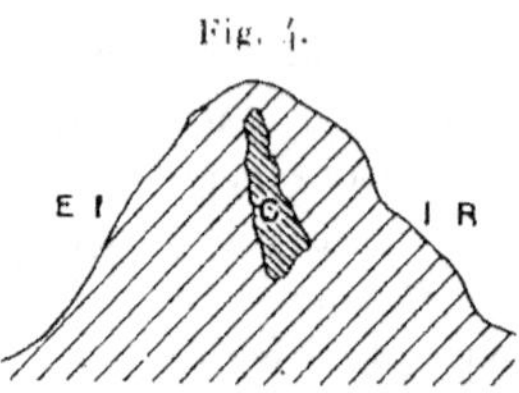

Pour le cas ordinaire des terrains plats ondulés, Löwy et Leimbach
proposent de placer les antennes émettrices et réceptrices dans des
sondages et, pour explorer de vastes zones, ils pensent qu'on pourra
éloigner deux antennes jusqu'à 50^{km} l'une de l'autre. Aucune tenta-
tive pratique ne paraît avoir été faite dans ce sens et il est certain
que bien des objections peuvent être faites à un tel projet.

En ce qui concerne les conducteurs, non plus verticaux à la façon
des filons, mais horizontaux comme les nappes d'eau souterraines, il
semble que la réflexion des ondes soit susceptible de rendre des
services. Löwy et Leimbach se servent à l'émission d'une antenne
inclinée E et cherchent la position à donner à l'antenne réceptrice R,
inclinée en sens contraire pour recevoir le faisceau réfléchi (*fig.* 5). Les

Fig. 5.

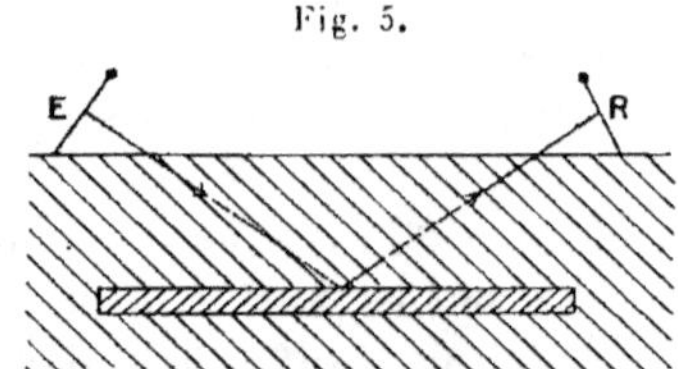

essais effectués semblent avoir donné des résultats intéressants, mais
le procédé n'est pas encore entré dans la pratique courante.

Löwy et Leimbach ont enfin fait des expériences montrant que
l'amortissement des courants oscillants d'une antenne dépend des

corps voisins et notamment, si l'on opère dans des travaux souterrains, de la constitution du sol ambiant.

Remarquons que le pouvoir inducteur spécifique des roches intervient; on se trouve donc en présence de méthodes qui permettent d'expérimenter sur une propriété autre que la conductibilité électrique.

CHAPITRE II.

CONDUCTIBILITÉ ÉLECTRIQUE DES DIVERSES ROCHES ET MINERAIS.

Avant d'aborder l'examen de la méthode de la carte des potentiels, il convient de se rendre compte de l'ordre de grandeur des conductibilités des diverses roches et minerais.

Distinguons d'abord deux sortes de conductibilité. Certains minéraux, peu nombreux, conduisent l'électricité à la façon des métaux, c'est-à-dire sans transport d'ions; ils jouissent donc de la conductibilité « métallique ». Les autres minéraux, qu'ils soient minerais ou roches stériles, sont des isolants plus ou moins parfaits et ne doivent leur conductibilité apparente qu'à l'eau d'imbibition qu'ils renferment [1]; ils possèdent donc une conductibilité « électrolytique ».

L'expérience suivante permet de distinguer facilement ces deux cas. Le corps à étudier A est trempé dans de l'eau et mis en connection avec un pôle d'une source électrique (10 volts au moins), dont l'autre pôle joue le rôle de seconde électrode B (*fig.* 6). Si A a la conduc-

Fig. 6.

tibilité métallique, l'électrolyse se fait sur sa surface de contact avec l'eau, où l'on voit apparaître des bulles de gaz; en cas contraire, l'électrolyse se fait en C, à l'extrémité du fil d'amenée du courant.

Les principaux minerais usuels à conductibilité métallique sont :

a. parmi les sulfures, les diverses pyrites, le mispickel, la galène et les

---

[1] Avec plus de précision il faut dire que, si ces minéraux possèdent une conductibilité propre, celle-ci est négligeable pour les phénomènes que nous étudierons vis-à-vis de la conductibilité de l'eau d'imbibition.

sulfures de cuivre ; *b*. parmi les oxydes, la magnétite et la pyrolusite.

Il faut remarquer que la blende est isolante, ce qui est assez naturel étant donnée sa transparence, ainsi que la stibine, malgré son aspect métallique.

D'après tous les essais que j'ai faits sur des échantillons variés, l'hématite et l'oligiste ne conduisent pas appréciablement l'électricité, contrairement à ce que divers auteurs paraissent admettre.

L'ordre de grandeur de la résistivité des minerais conducteurs, notamment des pyrites ([1]), est de 1 ohm par cm-cm². Cette valeur est analogue à celle de la résistivité des liqueurs salines ou acides concentrées et 100 000 fois plus grande que celle de la résistivité des métaux usuels. Il s'agit donc de conducteurs assez médiocres, qu'il ne faut pas assimiler à des métaux purs.

L'ordre de grandeur d'ailleurs est seul intéressant. En effet, d'une part, les mesures effectuées sur des échantillons varient notablement d'un cas à l'autre et, d'autre part, la valeur de la résistivité d'un cristal ne peut être prise comme convenant en moyenne à un amas de ce même minerai, ceci notamment à cause de la présence des gangues et du contact imparfait des cristaux entre eux. Il faut noter à ce propos que dans certains types de gisements les cristaux sont complètement séparés les uns des autres, malgré l'apparence continue et compacte de la minéralisation et la faible teneur en gangue. Tel est par exemple le cas pour certaines couches ferrifères de l'ouest de la France, où les petits octaèdres de magnétite sont enveloppés par une très mince pellicule de silice supprimant toute conductibilité. Inversement, il y a des amas pyriteux parfaitement conducteurs dans toute leur masse, bien que les cristaux soient pris dans un ciment siliceux occupant la majeure partie du volume.

Les minerais carbonatés et oxydés n'ont, comme les roches et la terre, qu'une conductibilité électrolytique provenant de l'eau d'imbibition ; du moins, s'il y a une conductibilité propre, celle-ci est-elle en pratique tout à fait négligeable. La quantité et la composition de l'eau d'imbibition règlent le phénomène, mais il ne faut pas perdre de vue que cette eau est retenue par capillarité et que, par suite, ses

---

([1]) Certains minerais peuvent être notablement plus conducteurs. J'ai trouvé, par exemple, pour un échantillon de chalcosine : $\rho = 0{,}005$ ohm cm-cm². Pour la galène, on donne fréquemment une faible fraction d'ohm.

propriétés sont celles de couches capillaires, pouvant différer appréciablement de celles de l'eau de carrière de la roche.

Quelle que soit la portée de cette restriction relative à la capillarité, il est intéressant à ce propos de connaître la résistivité des diverses eaux naturelles qui est d'une mesure facile. On trouve en ohms par cm-cm² : 1000 pour des eaux séléniteuses, 2000 à 3000 pour les eaux calcaires usuelles, 5000 à 7000 pour les eaux pures. Ces chiffres sont bien comparables aux suivants qui se rapportent à des terres humides : 1000 pour de l'argile bleue pyriteuse très humide, 20 000 pour un sable argileux, 30 000 pour une terre argilo-calcaire, 70 000 pour une arène granitique.

Les roches compactes et saines donnent, même après imbibition dans l'eau, des chiffres bien plus élevés, de l'ordre d'une dizaine de mégohms dans les essais de laboratoire effectués sur des échantillons taillés en forme de prismes (¹). Il ne faut pas perdre de vue que de pareils chiffres peuvent ne pas correspondre du tout à la résistivité *moyenne* des bancs rocheux en place, qui, à cause des nombreuses fissures qu'ils comportent, sont certainement notablement plus conducteurs. Seules des mesures effectuées sur le terrain et embrassant des masses considérables donnent en pareil cas des indications valables ; malheureusement les essais ne peuvent être faits facilement que sur des roches affleurantes, donc plus ou moins altérées. Les chiffres que l'on trouve en pratique varient en terrain moyennement humide de 50 000 à 200 000 ohms cm-cm².

Il faut retenir de tout ceci que le rapport des conductibilités entre les minerais conducteurs et les roches est d'au moins 1000 et peut facilement atteindre 10 000 ou 100 000 et que pour les diverses roches les conductibilités assez variées sont fréquemment dans le rapport de 1 à 10. Les terrains meubles et argileux superficiels doivent en général être notablement plus conducteurs à cause de leur teneur en eau que les roches profondes, l'augmentation de la température avec la profondeur, qui agit en sens inverse, n'ayant qu'une action peu importante aux profondeurs usuelles d'investigation (²).

(¹) *Tables annuelles des Constantes*, vol. I, p. 671.

(²) La résistivité de l'eau diminue environ de $\dfrac{3}{100}$ par degré ; elle tombe donc à la moitié de sa valeur pour une augmentation de température de 20° à 30°, dans le voisinage des températures ordinaires.

CHAPITRE III.

ÉTUDE THÉORIQUE DE LA MÉTHODE DE LA CARTE DES POTENTIELS.

Principe de la méthode. — Lorsqu'on applique entre deux points quelconques A et B du sol une différence de potentiel, il s'établit entre ces deux points un courant électrique qui produit des variations de potentiel dans le sol à cause de la résistance ohmique de celui-ci. Si le courant s'écoule par exemple de A vers B, le potentiel va en baissant de A jusqu'en B. Pour représenter la répartition des potentiels à l'intérieur du sol, le plus simple est de considérer des surfaces équipotentielles et de les numéroter d'après la valeur de leur potentiel. Si l'on envisage les phénomènes non plus profonds mais superficiels, les seuls qui soient pratiquement observables, on voit que l'on peut, dans toute la région intéressée par le courant, tracer des courbes équipotentielles, qui sont l'affleurement au jour des surfaces équipotentielles intérieures, et que ces courbes sont susceptibles de porter chacune un nombre représentant la valeur de leur potentiel. Ces lignes équipotentielles numérotées constituent une carte des potentiels de la région, qui rappelle tout à fait comme principe une carte topographique, où la figuration des altitudes est obtenue par le tracé de lignes de niveau cotées.

Lorsque le sol est homogène et plan, la répartition des potentiels entre les deux prises de terre A et B peut être calculée, ce qui revient à dire que la carte des potentiels est connue *a priori*. Lorsque le sol contient des roches ou minerais de conductibilités différentes, ces hétérogénéités modifient la répartition des potentiels et entraînent des perturbations qui se répercutent plus ou moins sur la forme ou le numérotage des lignes équipotentielles superficielles. Or celles-ci pouvant être aisément tracées et numérotées sur le terrain, on peut relever leurs déformations et en induire les causes qui, en profondeur, les ont provoquées. Tel est le principe de la méthode.

Étude théorique du terrain homogène plan. — La question
est la suivante : Entre deux points A et B d'un sol homogène et plan,
on fait passer du courant et l'on demande quelles sont la forme et
la numérotation des surfaces équipotentielles intérieures et des
courbes équipotentielles superficielles. Ce problème relatif à l'application de la loi d'Ohm à un conducteur indéfini [1] est entièrement
résolu par la formule suivante [2] :

$$V = \frac{\rho i}{2\pi}\left(\frac{1}{r} - \frac{1}{r'}\right) \cdot \text{const.}.$$

où V représente le potentiel d'un point M du sol, ρ la résistivité,

Fig. 7.

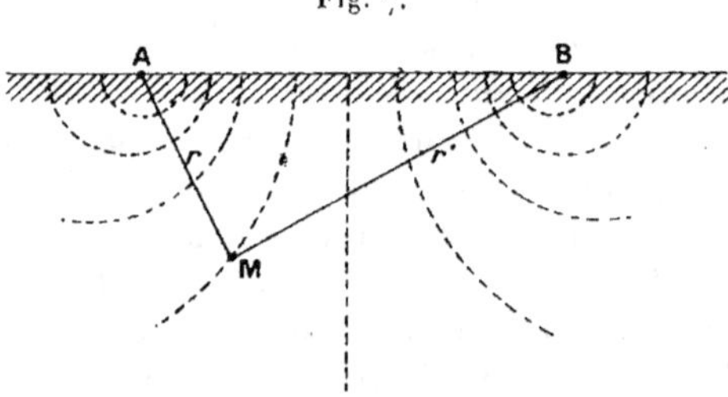

i l'intensité du courant, r et r' les distances de M aux prises de
terre A et B (*fig.* 7).

---

[1] Le fait que le conducteur n'est pas indéfini dans toutes directions, mais se
trouve limité vers le haut par le plan de surface, ne change rien, parce que ce
plan est de symétrie.

[2] Pour justifier cette formule, bornons-nous à considérer le voisinage immédiat de A, où, pour des raisons de symétrie, les surfaces équipotentielles sont des

Fig. 8.

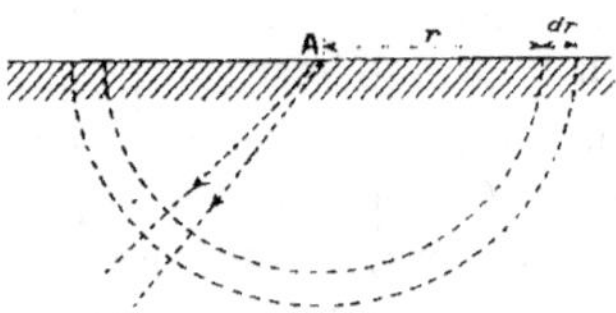

hémisphères centrés sur A et les filets de courant des cônes de sommet A (*fig.* 8);

Les surfaces équipotentielles définies par l'équation $\frac{1}{r} - \frac{1}{r'} = \text{const.}$ sont du quatrième degré et de révolution autour de la droite AB. Elles ont des formes simples dans le voisinage de A ou de B et au milieu de AB. En effet, près de A, on peut négliger $\frac{1}{r'}$ devant $\frac{1}{r}$, de sorte que les surfaces sont des hémisphères centrés sur A; dans la région médiane, les surfaces sont par raison de symétrie des plans verticaux perpendiculaires à AB.

La carte des potentiels superficiels est reproduite figure 9 [1]. Celle-ci représente aussi les potentiels intérieurs. En effet, les surfaces équipotentielles dans le sol étant de révolution autour de AB, il suffit pour les obtenir de faire tourner la moitié de la figure.

La numérotation des courbes (ou des surfaces) a été faite d'après le principe suivant. On prend comme unité de longueur $\frac{1}{100}$ de la distance AB. On note 100 la valeur du potentiel d'un point α situé à la distance 1 de A et 0 la valeur du potentiel d'un point β situé à la distance 1 de B, ce qui revient à choisir comme unité de potentiel $\frac{1}{100}$

L'application de la loi d'Ohm entre les sphères de rayon r et $r + dr$ s'écrit

$$- dV = \rho \frac{dr}{2\pi r^2} i,$$

formule qui donne par intégration

$$V = \frac{\rho}{2\pi r} i + \text{const.}$$

Or cette expression est identique à la formule générale, pourvu que r' soit grand vis-à-vis de r.

Le problème est, du point de vue mathématique, identique à celui de la répartition des potentiels provoqués, dans un milieu de pouvoir spécifique K, par deux charges électriques égales et de signes contraires $+ q$ et $- q$ concentrées aux points A et B. La formule donnant les potentiels est alors l'expression bien connue

$$V = \frac{1}{K}\left(\frac{q}{r} - \frac{q}{r'}\right) + \text{const.}$$

Il y a donc identité dans la répartition des potentiels d'origine électrostatique ou électrodynamique, pourvu que l'on ait la relation $\frac{\rho i}{2\pi} = \frac{q}{K}$.

[1] Sur la manière de tracer les lignes de courant et les courbes équipotentielles, voir MAXWELL, *Traité d'Électricité* (trad. Seligmann), t. I, p. 194.

de la différence de potentiel qui existe entre α et β. Dans ces conditions, la formule fondamentale devient

$$V = 50.5 \left(\frac{1}{r} - \frac{1}{r'} \right) + 50.$$

qui donne bien $V = 100$ pour ($r = 1$; $r' = 99$) et $V = 0$ pour ($r = 99$; $r' = 1$). Le potentiel au centre ($r = r'$) et à l'infini $\left(\frac{1}{r} = \frac{1}{r'} = 0 \right)$ vaut alors 50, moyenne entre 0 et 100.

Pour dire les choses d'une façon concrète, la carte donne avec ces conventions très sensiblement ([1]) le potentiel en volts que l'on observerait en chaque point du sol, si les prises de terre A et B étaient des hémisphères de 1^m de rayon, situés à 100^m l'un de l'autre, et si l'on maintenait entre elles une différence de potentiel de 100 volts.

L'avantage de cette numérotation relative est de faire de la carte des potentiels du terrain homogène une donnée absolument invariable. Cette carte traduit une formule à coefficients numériques; elle ne dépend ni de la résistivité du sol, ni de la différence de potentiel appliquée, ni de la distance des prises de terre, ni même de la forme ou de la disposition de celles-ci, pourvu, en ce qui concerne ce dernier point, que l'on fasse abstraction du voisinage des prises. Toutes les contingences expérimentales sont donc éliminées.

Il y a tout intérêt à conserver, dans le cas de sols hétérogènes, ces mêmes conventions pour évaluer les distances et les potentiels. La carte, qui a une allure différente dans chaque cas particulier, reste alors indépendante de la différence de potentiel appliquée, de la résistivité moyenne du sol et des dimensions ou formes des prises.

Répartition du courant dans le sol. — On est habitué à considérer le courant comme la cause des chutes de potentiel observées. Il est donc souvent plus clair de songer à la répartition des filets de courant dans le sol plutôt qu'à celle des potentiels, bien que, dans la réalité, les potentiels soient seuls directement observables, alors que le courant reste masqué et ne traduit pas son passage dans la terre par

---

([1]) L'approximation consiste à supposer qu'à 1^m du point A on a, dans le cas de prises de terre ponctuelles distantes de 100^m, une surface équipotentielle rigoureusement hémisphérique et centrée sur A.

d'autres phénomènes appréciables que les chutes de potentiel. On passe d'ailleurs sans difficulté d'une image à l'autre.

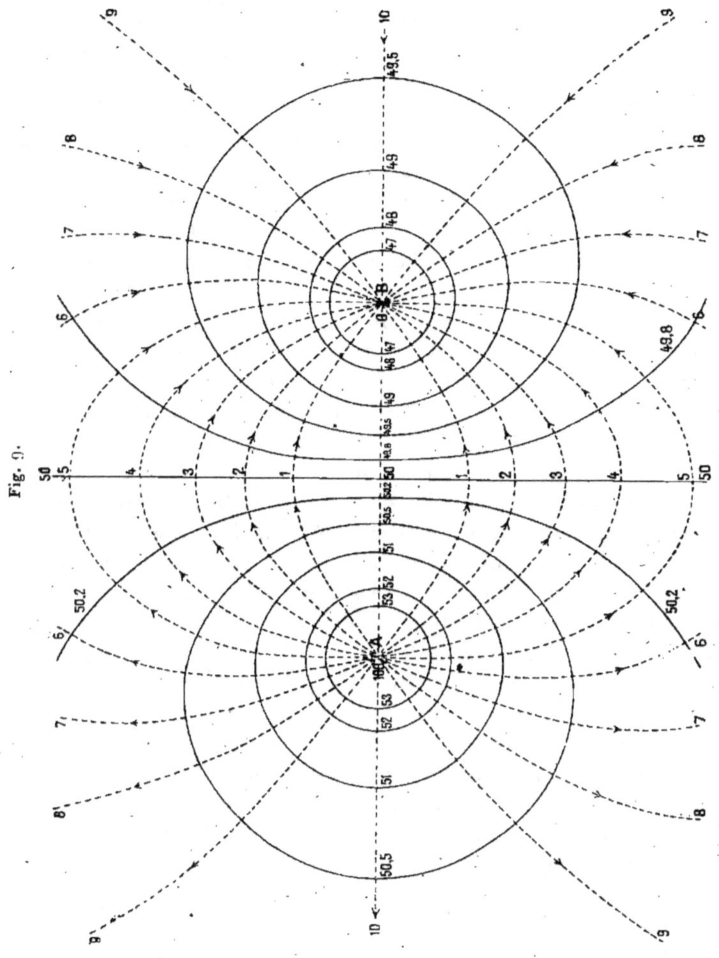

Fig. 9.

En chaque point, la direction du courant est normale à la surface équipotentielle passant par ce point, sauf dans les terrains anisotropes (*voir* p. 45 et suiv.). Les filets de courant représentent donc les trajectoires orthogonales des surfaces équipotentielles. La densité δ du courant (intensité par centimètre carré normal au filet de courant) est proportionnelle à la chute $\dfrac{d\mathrm{V}}{dn}$ du potentiel par unité de longueur (intensité du champ électrique) et en raison inverse de la résistivité, puisque la loi d'Ohm s'écrit $\dfrac{d\mathrm{V}}{dn} = \rho \,.\, \delta$. En milieu homogène, la densité du courant est donc d'autant plus grande que les surfaces sont plus serrées.

On a figuré les lignes de courant en pointillé sur la carte des potentiels (*fig.* 9). Si l'on fait tourner la figure autour de AB pour avoir la représentation des phénomènes en profondeur, ces lignes engendrent des tubes de courant. Les lignes 1, 2, 3, ... ont été tracées de telle sorte que les tubes correspondants conduisent les fractions suivantes du courant total, savoir : le tube 1 un dixième du courant, le tube 2 deux dixièmes, etc. Le tube 5 qui conduit cinq dixièmes du courant a un diamètre transversal maximum atteignant près du double de AB.

Il faut retenir de l'aspect de la figure qu'en sol homogène le courant ne s'écoule nullement de A vers B sous forme d'un faisceau étroit concentré autour de la droite AB, mais qu'au contraire il s'écarte en moyenne très notablement de cet axe et s'enfonce d'une manière importante dans le sol. Au voisinage d'une prise de terre (considérée comme ponctuelle), le courant se répand dans la terre symétriquement dans toutes les directions, les tubes de courant étant des cônes qui ont pour sommet la prise de terre. La densité du courant et avec elle l'intensité du champ électrique y varie en raison inverse du carré de la distance à la prise. Dans la région médiane, le courant s'écoule sensiblement par filets cylindriques horizontaux, de densité uniforme, ceci dans une zone assez vaste tant en largeur qu'en profondeur [1]. Dans toute cette zone, le champ électrique est en conséquence à peu près uniforme.

---

[1] Voici comment varie exactement la densité du courant pour les différents points du plan vertical de symétrie CD, perpendiculaire à AB (*fig.* 10). La densité est maxima en C et vaut

$$\delta_m = \frac{4i}{\pi}\,\frac{1}{\mathrm{AB}^2};$$

Profils de potentiel et profils de champ électrique. — La carte des potentiels avec ses courbes équipotentielles cotées est analogue, comme nous l'avons vu, à une carte topographique avec courbes de niveau cotées. Il est souvent utile de la compléter par des profils de potentiels, c'est-à-dire un graphique donnant les différentes valeurs du potentiel le long d'un alignement tracé sur le sol, ceci exactement comme on représente habituellement le relief du terrain par un profil altimétrique. La figure 11 représente le profil du potentiel le long de la droite AB avec nos unités relatives conventionnelles ([1]).

Au lieu du potentiel, il est parfois plus avantageux de représenter

---

c'est la densité qu'aurait le courant qui s'écoule de A vers B s'il se répandait uni-

Fig. 10.

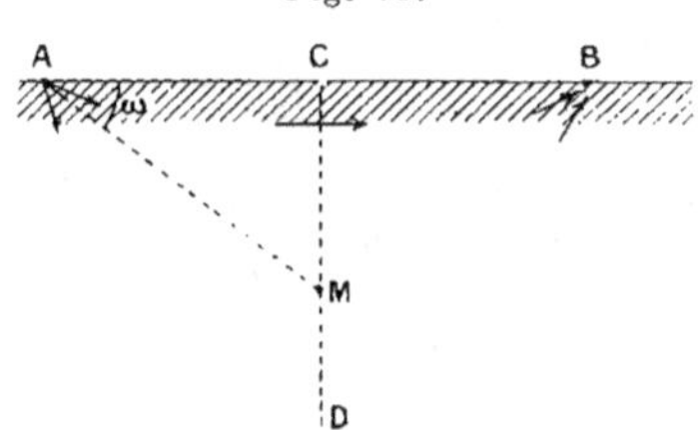

formément dans une section de diamètre égal à AB. En un point M quelconque du plan, la densité est $\delta = \delta_m . \cos^3 . \omega$, ω étant l'angle de AM avec AB ; lorsqu'on s'écarte du centre C, la densité baisse donc de $\frac{1}{10}$ si CM $= 0,27$ AB, et de moitié, si CM $= 0,78$ AB. Si l'on calcule le rayon CM du cercle décrit de C comme centre dans le plan CD et tel qu'une fraction donnée x du courant total passe par l'intérieur de ce cercle, on trouve qu'il est défini par l'angle ω donné par l'expression $\cos \omega = 1 - x$. Par exemple, la moitié du courant $\left(x = \frac{1}{2} \right)$ passe dans un cercle tel que $\cos \omega = \frac{1}{2}$, $\omega = 60°$, ce qui correspond à un rayon CM $= 0,87$ AB.

Ces chiffres précisent la manière dont le courant s'écarte effectivement de AB en sol homogène.

([1]) L'équation de la courbe est :

$$ V = 100,5 \left(\frac{1}{r} - \frac{1}{r'} \right) \cdot 50, \qquad \text{avec} \qquad r - r' \cdot AB = 100. $$

Dans le voisinage des prises, la courbe se rapproche sensiblement d'une hyperbole équilatère. Les chiffres portés sur la courbe sont les valeurs du potentiel aux distances 1, 10, 20, 30, ... du point A.

l'intensité H du champ électrique, ou chute de potentiel par unité de longueur $\dfrac{d\mathrm{V}}{dn}$. Le champ H étant la dérivée du potentiel est naturellement d'autant plus grand que le potentiel varie plus vite, c'est-à-

Fig. 11.

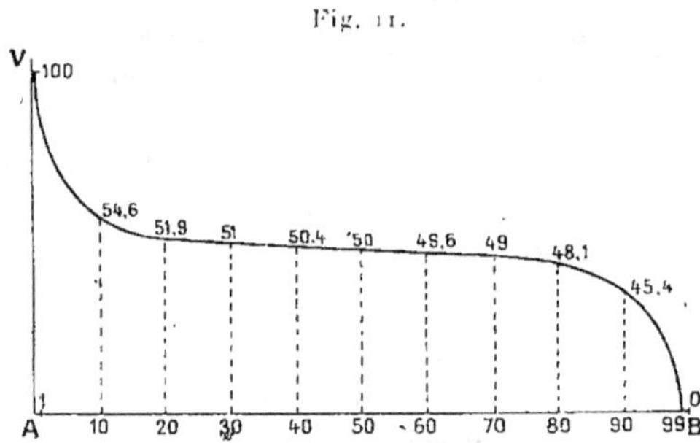

dire que les courbes sont plus serrées. Pour reprendre l'analogie topographique, le champ est comparable à la pente du terrain. La figure 12

Fig. 12.

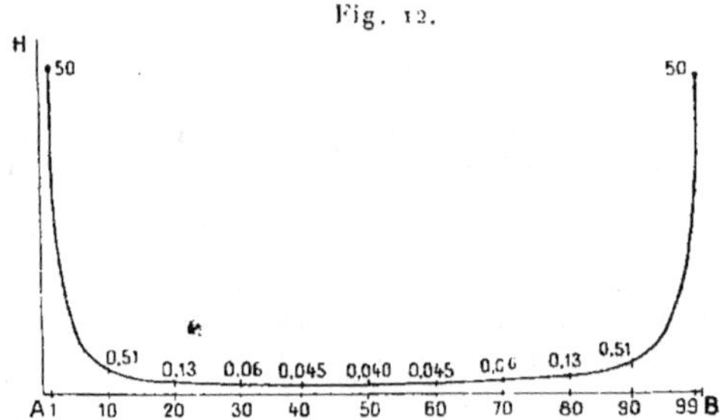

donne le profil du champ le long de AB (¹), toujours avec les mêmes unités.

(¹) L'équation de la courbe est :

$$\mathrm{H} = 5o,5 \left(\frac{1}{r^2} + \frac{1}{r'^2} \right) \qquad \text{avec} \qquad r + r' = 100.$$

Dans le voisinage des prises, le champ baisse très rapidement, puisqu'il diminue sensiblement en raison inverse du carré de la distance ; dans la région médiane, il

Perturbations de la carte des potentiels produites par la présence d'hétérogénéités dans le sol. — Lorsque le sol, au lieu d'être homogène, comporte des zones de conductibilités différentes, cela affecte la répartition des potentiels. Le calcul théorique de cette répartition conduit presque toujours à des difficultés mathématiques pratiquement inabordables, même dans les cas les plus simples, de sorte qu'il faut se contenter de raisonnements très approximatifs donnant seulement qualitativement le sens de la perturbation.

Supposons, par exemple, que dans la région médiane entre A et B, là où normalement les surfaces équipotentielles sont des plans verticaux parallèles, se trouve enfouie une masse conductrice Z (*fig.* 14).

Pour nous permettre d'apprécier la déformation que cette masse produit sur les plans équipotentiels, envisageons d'abord le cas extrême où Z est un conducteur parfait [1]. La masse est dans ces

---

reste au contraire assez uniforme. Les chiffres portés sur la courbe sont les valeurs du champ aux distances 1, 10, 20, 30, ... de la prise de terre A.

Au point de vue des applications pratiques, on a souvent à envisager la zone

Fig. 13.

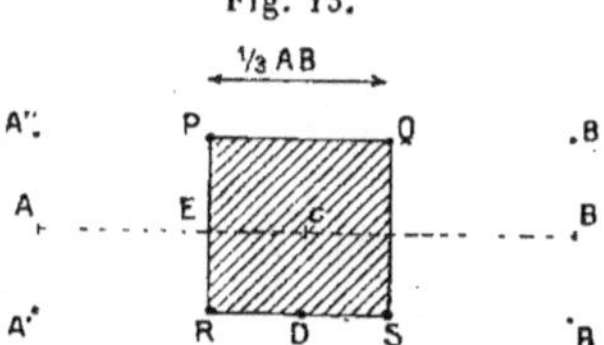

dans laquelle le champ peut être considéré comme à peu près uniforme, ce qui correspond aussi à une densité de courant uniforme. Il est commode de prendre pour cette région un carré PQRS (*fig.* 13), placé symétriquement par rapport à AB et ayant pour côté $\dfrac{AB}{3}$. La profondeur à attribuer dans le sol à cette zone de champ uniforme est de $\dfrac{AB}{6}$.

On se rend compte de l'approximation faite en considérant le champ comme uniforme, par l'inspection des chiffres suivants. Si H_m désigne la valeur du champ au centre C, on a en D (valeur minima) $H = 0,97\ H_m$, et en E (valeur maxima) $H = 1,4\ H_m$.

On peut rendre le champ notablement plus uniforme dans le carré PQRS en remplaçant la prise de terre A par deux prises identiques et distinctes A' et A", placées comme l'indique la figure, et de même en remplaçant B par B' et B".

[1] Rigoureusement, cela revient seulement à supposer la conductibilité de Z très grande vis-à-vis de celle du sol ambiant, car seuls les rapports des conductibilités spécifiques interviennent ici.

conditions partout au même potentiel, la chute ohmique produite par le courant qui la traverse étant négligeable. Il faut donc que les surfaces équipotentielles enveloppent toutes le volume Z, en passant soit d'un côté, soit de l'autre, suivant que leur potentiel est soit supérieur, soit inférieur à celui de Z. Cette action peut se résumer en

Fig. 14.

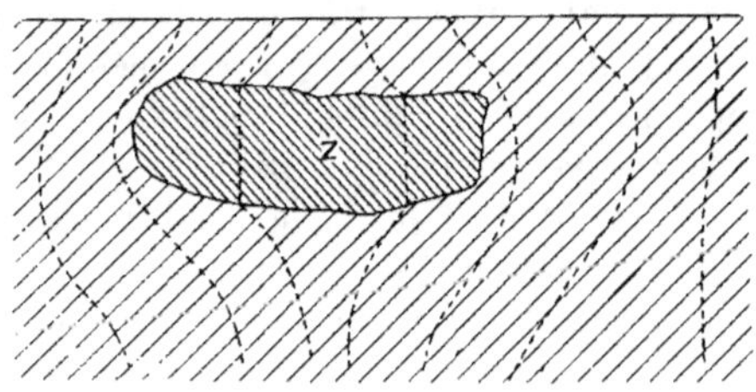

disant que « la masse conductrice repousse vers son extérieur les surfaces équipotentielles qui tendent à s'en approcher ». Si nous passons maintenant au cas où la conductibilité de Z, sans être parfaite, est seulement supérieure à celle du terrain ambiant, on voit que la déformation précédente doit subsister dans son principe tout en

Fig. 15.

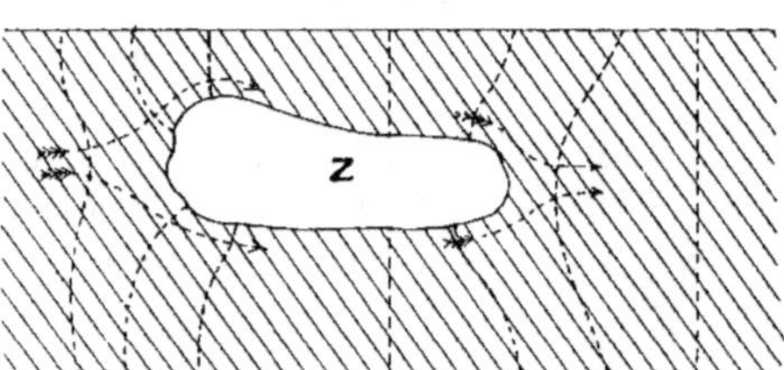

étant atténuée. Il y aura encore répulsion des surfaces équipotentielles, toutefois celles-ci pénétreront dans la masse elle-même, comme l'indique la figure.

Prenons maintenant l'hypothèse inverse d'un corps isolant, en supposant d'abord sa conductibilité nulle (cavité dans le sol) et en raisonnant cette fois sur les filets de courant. Ceux-ci doivent contourner l'espace Z, ce qui oblige les surfaces équipotentielles à venir

couper Z normalement. L'inflexion qui en résulte est dirigée vers
l'intérieur de Z comme on le voit sur la figure 15. On peut donc dire
qu' « une masse isolante agit comme si elle attirait vers son intérieur
les surfaces équipotentielles ». Cette attraction sera moins nette, mais
se maintiendra toutefois, si Z au lieu d'être un isolant parfait est
simplement moins conducteur que le milieu environnant.

Les perturbations que nous venons d'analyser ne sont pas uniquement locales: elles se répercutent à une certaine distance de Z. Si

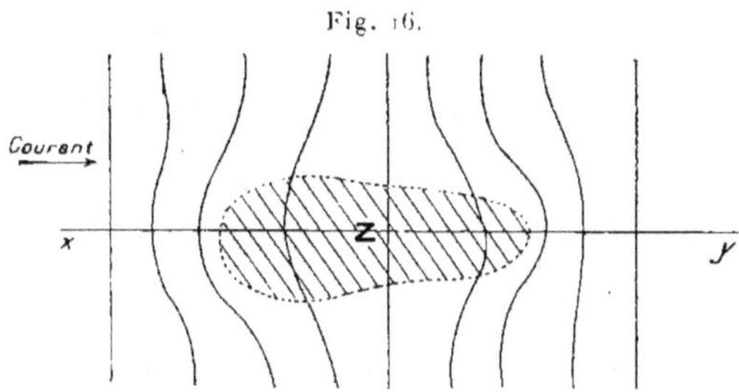

Fig. 16.

donc cette masse n'est pas trop profondément enfouie dans le sol,
son action se fera sentir jusque sur les courbes équipotentielles superficielles qui présenteront les déformations ci-dessus décrites. Par
exemple dans le cas d'une masse conductrice, la carte des lignes
équipotentielles aura l'aspect présenté par la figure 16, ce qui permettra de trouver l'emplacement et dans une certaine mesure la
dimension de la masse enfouie (¹).

(¹) Il est possible en plus de se faire une idée de la profondeur à laquelle est

Fig. 17.

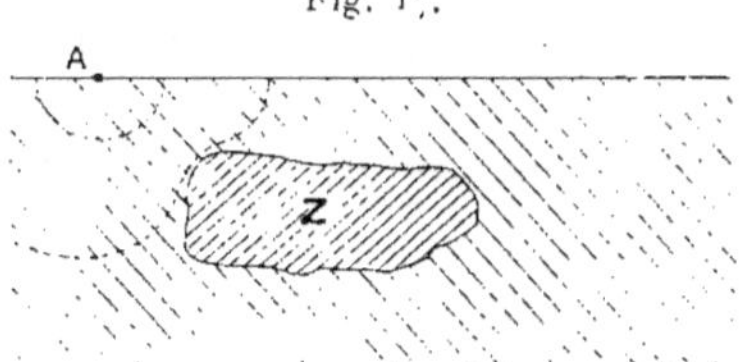

située la masse perturbatrice Z (*fig. 17*), en plaçant une prise de terre A au voisinage de son aplomb dans une position convenable.

Supposons, en effet, l'autre prise B à grande distance, ce qui permet d'assimiler

Les déformations de la carte des potentiels se traduisent souvent particulièrement bien sur les profils de champ. Par exemple, un profil établi le long de xy de la figure 16 aurait la forme indiquée figure 18.

Fig. 18.

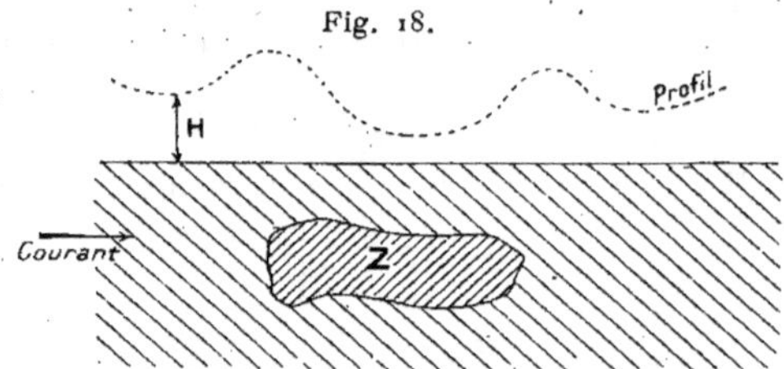

Aux extrémités de Z, dans les régions à courbes serrées, le champ passe par des maximums, alors qu'il est minimum au-dessus de Z dans la zone à courbes distantes.

Réfraction des surfaces équipotentielles au passage d'un milieu dans un autre. — Un cas de déformation se prêtant à un calcul facile est celui relatif au point de passage d'un milieu dans un

Fig. 19.

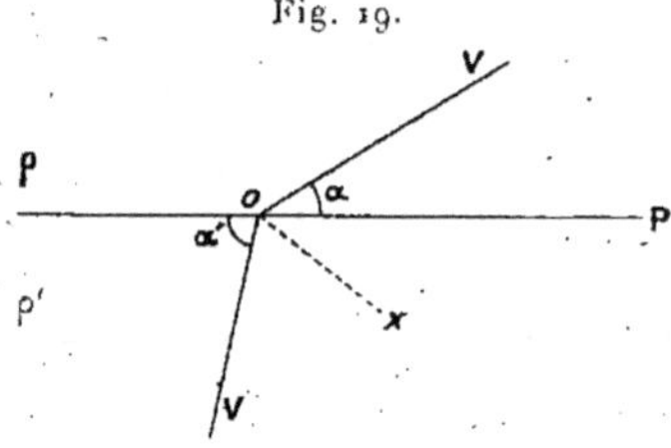

autre. On démontre qu'une surface équipotentielle V se réfracte à la traversée du plan P (*fig.* 19), qui sépare deux milieux de résistivités différentes ρ et ρ' et que l'on a, entre les angles α et α' que fait V

---

les surfaces équipotentielles autour de A à des hémisphères centrés sur A. Il est évident que seules les sphères ayant un rayon suffisant pour passer dans le voisinage de Z sont notablement perturbées, les surfaces de plus petit rayon restent sensiblement sphériques. L'observation des rayons moyens des plus petites courbes équipotentielles présentant une déformation donne donc une évaluation, très grossière il est vrai, de la profondeur de la masse perturbante.

avec P dans les deux milieux, la relation [1] :

$$\rho \, \mathrm{tang}\, \alpha = \rho' \, \mathrm{tang}\, \alpha'.$$

La discussion de cette formule conduit aux résultats suivants : la réfraction a lieu dans un sens tel que la surface équipotentielle se rapproche du plan P dans le milieu le moins conducteur ; elle est maximum lorsque la surface équipotentielle rencontre P sous une incidence oblique ; elle est par contre nulle, si cette rencontre se fait normalement $\left(\alpha = \dfrac{\pi}{2}\right)$ ou tangentiellement $(\alpha = 0)$.[2]. Les calculs numériques montrent que le changement de direction angulaire produit par la réfraction est notable, même si les résistivités ne sont pas très différentes.

La réfraction qui, telle que nous l'avons étudiée, est un phéno-

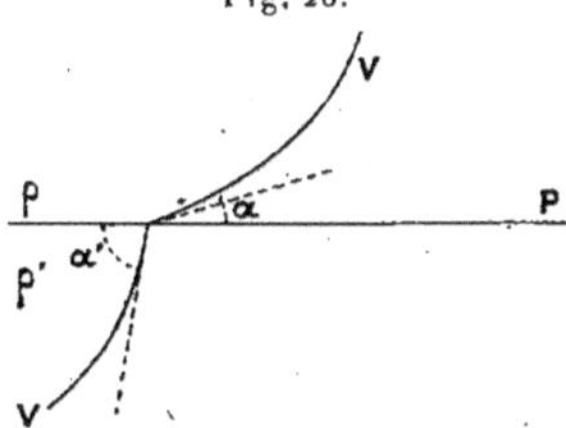

Fig. 20.

mène localisé juste à la traversée de la surface de séparation de deux milieux différents, se prépare en réalité à une certaine distance du

---

[1] La démonstration de la formule est tout à fait analogue à celle de la réfraction des lignes d'induction magnétique au passage d'un milieu dans un autre de perméabilité différente.

[2] L'incidence optima est caractérisée par le fait que le plan bissecteur O x du dièdre formé par les deux plans de V est incliné à 45° sur le plan de séparation P. Pour cette incidence, on a

$$\mathrm{tang}\,\alpha = \sqrt{\frac{\rho'}{\rho}}, \qquad \mathrm{tang}\,\alpha' = \sqrt{\frac{\rho}{\rho'}}, \qquad \mathrm{tang}\,(\alpha' - \alpha) = \frac{1}{2}\frac{\rho - \rho'}{\sqrt{\rho\rho'}}.$$

Prenons, par exemple, $\dfrac{\rho}{\rho'} = 2$; la formule donne $\alpha' - \alpha = 20°$, ce qui est un changement de direction notable. Des calculs plus complets établissent que la déviation $\alpha' - \alpha$ reste encore supérieure à 15°, même quand on s'écarte passablement de l'incidence optima.

point anguleux par une incurvation de la surface équipotentielle. Celle-ci, comme le montre la figure 20, se plie dans le milieu peu conducteur, de manière à atteindre P sous un faible angle, alors qu'elle se redresse brusquement dans le second milieu ([1]).

Exemple théorique de perturbation. — A titre d'exemple, envisageons deux terrains T et T′, de natures différentes, séparés par un plan vertical P, ce qui est un cas fréquent en géologie notamment

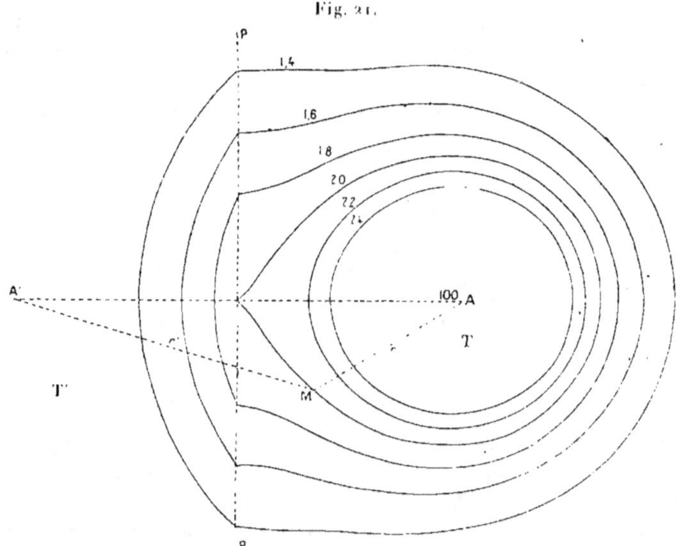

Fig. 21.

lorsque le plan de séparation est une faille. Supposons la prise de terre A placée dans le terrain T et l'autre prise B fort éloignée de la région étudiée. Les courbes équipotentielles autour de A seraient circulaires en terrain homogène. Dans le cas présent elles ont des formes

---

([1]) Ce sont naturellement les angles α et α' que font avec P les plans tangents à l'arête de rebroussement qu'il faut faire intervenir dans la relation

$$\rho \, \mathrm{tang} \, \alpha = \rho' \, \mathrm{tang} \, \alpha'.$$

et des numéros qu'il est possible de calculer théoriquement ([1]), ce qui constitue une rare exception. Elles sont représentées figure 21.

Celle-ci a été dessinée dans l'hypothèse où le terrain T est beaucoup plus conducteur que T'. On voit nettement l'application des principes précédents : 1° attraction exercée par l'isolant relatif T sur les courbes situées dans T et qui présentent une pointe vers T'; 2° réfraction des courbes à la traversée du plan de séparation P.

Perturbations dues au relief du sol. — La carte des potentiels du terrain homogène que nous avons étudiée se rapporte à un sol plat. Dans le cas où le relief est accusé, il en résulte des perturbations plus ou moins importantes. Un creux, comme un vallon, constitue un manque de matière et est assimilable à une masse isolante attirant les surfaces équipotentielles. Une bosse, telle qu'une colline, correspond à un excès de matière et agit en sens inverse. Ces perturbations jouent un rôle très variable. Elles peuvent entraîner une gêne grave dans les pays accidentés, d'autant plus qu'il n'est pas facile d'évaluer *a priori* quantitativement l'importance de la déformation produite par un relief déterminé.

Action de la conductibilité verticale. — On pourrait croire que

---

([1]) Voici la formule théorique donnant le potentiel V d'un point M situé dans T :

$$V = 100 \left(\frac{1}{r} - \frac{\rho' - \rho}{\rho' + \rho} \frac{1}{r'} \right),$$

ρ et ρ' sont les résistivités des terrains T et T', r est la distance MA, r' la distance MA', le point A' étant le symétrique de A par rapport à P. On a pris : 1° comme unité de distance $\frac{1}{100}$ de la distance de A au plan P; 2° V = 100 à la distance 1 de A et V = 0 à grande distance de A.

Pour les points situés dans le terrain T', le potentiel a l'expression plus simple

$$V' = 200 \frac{\rho'}{\rho' - \rho} \frac{1}{r}.$$

Les courbes sont des circonférences centrées sur A.

Dans le cas de la figure, ρ' étant très grand vis-à-vis de ρ, les expressions se simplifient et peuvent s'écrire

$$V = 100 \left(\frac{1}{r} - \frac{1}{r'} \right); \qquad V' = \frac{200}{r}.$$

la carte des potentiels représentant des phénomènes dans le plan horizontal ne doit traduire que les hétérogénéités qui présentent des dimensions notables dans le sens horizontal. Un corps conducteur à dimension uniquement verticale, tel par exemple qu'un tube de sondage enfoncé dans le sol ou une colonne minéralisée étroite, peut néanmoins marquer sur la carte, pourvu qu'il soit placé suffisamment près d'une des prises de terre. Considérons, par exemple (*fig. 22*),

Fig. 22.

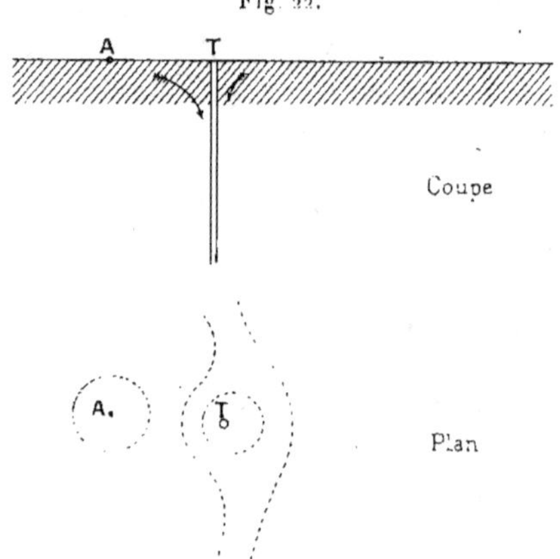

une tige verticale conductrice T, située près de la prise A. Son extrémité inférieure étant en contact avec des points du sol profonds et éloignés de A, la tige produit une dérivation du courant dans le sens du haut vers le bas et autour de son sommet il y a appel des filets de courant, qui convergent vers elle. Sur la carte des potentiels, cela se traduit par la présence autour du sommet de la tige de petites courbes fermées et par la déformation des courbes voisines par répulsion, comme dans le cas général des corps conducteurs.

Rien de tel ne s'observerait dans la région médiane entre A et B, à plans équipotentiels verticaux, où la tige serait sans aucune action·

Profondeur possible d'investigation. — La question peut être envisagée à deux points de vue.

Considérons (*fig. 23*) une masse conductrice Z enfouie dans le sol, par exemple dans la région où les surfaces équipotentielles seraient en terrain homogène des plans parallèles verticaux, et imaginons que cette masse occupe des positions Z_1, Z_2, Z_3 de plus en plus profondes, en conservant ses dimensions et sa conductibilité. Il est bien évident que les déformations causées par Z aux lignes équipotentielles superficielles, et qui ne sont que la répercussion des perturbations apportées en profondeur aux plans verticaux équipotentiels, iront en s'estompant à mesure que la masse occupera une position plus basse. Il arrivera un moment où elles deviendront trop floues pour

Fig. 23.

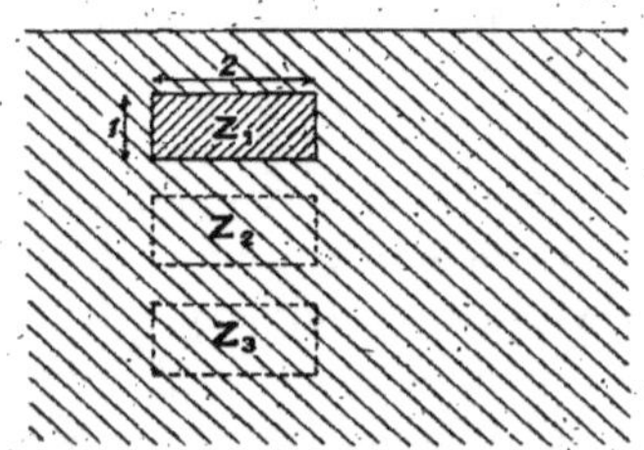

être perceptibles, ce qui caractérisera la limite de profondeur possible d'investigation.

Le problème, ainsi présenté, est d'une solution mathématique très complexe sinon impossible, même dans les cas les plus simples, parce qu'on ne sait pas calculer la forme des surfaces équipotentielles, et le mieux, pour se faire une idée de l'ordre de grandeur, est d'expérimenter en laboratoire, en petit, dans un sol artificiel. Il résulte de mes essais que malheureusement les perturbations dans la carte des potentiels disparaissent rapidement quand la profondeur du corps perturbateur augmente. Ainsi, pour fixer les idées, en prenant pour Z (terre glaise) la forme d'un parallélépipède de dimensions $1 \times 1 \times 2$, disposé comme l'indique la figure et dont la conductibilité est 15 fois supérieure au milieu ambiant (sable argileux), les perturbations de la carte deviennent difficilement perceptibles dès que l'épaisseur de recouvrement dépasse la valeur 1. Il faut en conclure que les déformations produites aux surfaces équipotentielles sont assez localisées et se font peu sentir au loin.

On peut envisager le problème à un autre point de vue. Supposons qu'au lieu de placer une même masse Z à diverses profondeurs, nous

nous bornions à multiplier par un même nombre simultanément toutes les dimensions, c'est-à-dire à la fois la profondeur de Z, sa largeur, sa longueur, etc. La figure entière, et notamment la carte des lignes équipotentielles, restera semblable à elle-même, seule l'échelle étant modifiée. On peut dire qu'une masse Z', deux fois plus profonde que Z, apparaît aussi nettement sur la carte des potentiels, pourvu que toutes les dimensions de Z' soient doubles de celles de Z (¹), que l'on utilise des prises de terre deux fois plus éloignées et que la carte des potentiels embrasse une région double en tout sens.

On voit que l'étude des hétérogénéités profondes du sol est parfaitement possible, pourvu que celles-ci aient des dimensions en rapport avec leur profondeur.

Au point de vue pratique, on se heurte à deux difficultés. La première, très simple, c'est que, si l'on veut faire embrasser à la carte des potentiels une superficie importante de manière à observer le large dessin des déformations produites par la masse Z, le terrain ambiant, trop étendu, comprend en général des roches très diverses qui ne sont nullement assimilables à un ensemble homogène. Il en résulte des perturbations parasites, étrangères à l'action de Z et qui peuvent les brouiller.

La deuxième difficulté provient de ce que le courant est, en général, plus dense dans la croûte superficielle que dans les zones profondes du sol (²). Si donc la masse perturbante est profondément enfouie, elle ne réagit que sur des filets de courant conduisant une faible intensité, soit sur une petite partie du courant total. On conçoit donc que cette perturbation ne se répercute que d'une manière très atténuée sur les courbes équipotentielles superficielles, qui elles sont au contraire dans une zone à grande densité de courant.

Quelles que soient ces difficultés, les investigations profondes doivent être possibles pour des phénomènes suffisamment amples;

(¹) Ce qui entraîne un cube 8 fois plus grand.

(²) Nous verrons (p. 66) comment on peut étudier expérimentalement la chose. La concentration du courant dans la région supérieure du sol, qui existe dans une certaine proportion même en terrain homogène à cause du fait de prises de terre en surface, est particulièrement importante si la croûte superficielle possède une conductibilité supérieure à celle des roches profondes. Or, il y a tout lieu de supposer que c'est là un fait général, les roches profondes étant compactes, peu altérées et par suite peu humides.

on peut même envisager des études de l'écorce terrestre portant sur des profondeurs de plusieurs kilomètres, qui pourraient fournir des documents intéressants relatifs à des zones actuellement inexplorables par les procédés habituels. De pareilles expériences ne présenteraient même pas de bien grosses difficultés de réalisation.

Résumé. — La carte des potentiels, avec ses courbes numérotées ou ses profils, donne d'une manière simple et concrète *tous les éléments* permettant d'étudier, à partir de la surface, la répartition d'un courant à l'intérieur du sol. Le passage de l'électricité produit, il est vrai, d'autres phénomènes que les chutes de potentiel. Il entraîne par exemple la formation d'un champ magnétique et le dégagement de chaleur. Mais ces phénomènes sont dans les conditions de la pratique presque impossible à mesurer.

Toute la difficulté réside non dans l'établissement de la carte, qui est d'une exécution expérimentale relativement aisée, mais bien dans l'interprétation géologique des perturbations constatées. Il faut pour cette interprétation suivre des raisonnements abstraits souvent compliqués, ou encore expérimenter en laboratoire sur un sol artificiel, contenant à une échelle réduite les hétérogénéités que l'on recherche dans la nature.

Remarquons que pour étudier un problème géologique déterminé, par exemple l'emplacement d'une masse conductrice, on peut déplacer à volonté les deux prises de terre A et B par rapport au point examiné. On a ainsi la possibilité d'attaquer le problème de différentes manières et d'obtenir des vérifications précieuses.

En pratique, la carte des potentiels présente deux régions particulièrement favorables. Il y a d'abord les environs d'une prise de terre A, l'autre prise B étant supposée rejetée à l'infini ; les surfaces équipotentielles sont alors sphériques en terrain homogène et leur numérotation, en raison inverse de la distance à A, est simple ; cette zone convient pour les études où intervient la conductibilité du sol dans le sens vertical. En second lieu on dispose de la partie médiane entre les deux prises A et B, où les surfaces équipotentielles sont normalement des plans verticaux équidistants ; on utilisera cette région de la carte, lorsque les hétérogénéités recherchées se traduisent surtout dans le sens horizontal.

CHAPITRE IV.

Généralités. — Pour faire passer dans le sol entre deux points A
et B du courant électrique (*fig.* 24), on connecte nécessairement ces

Fig. 24.

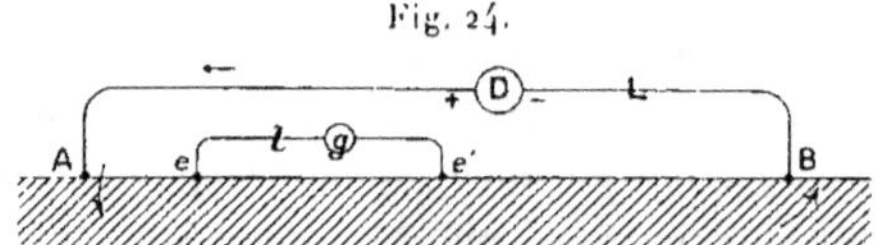

deux prises de terre par une ligne isolée L aux deux pôles d'une
génératrice D (alterneur, dynamo, accumulateurs). L'étude des différences de potentiel provoquées dans le sol par le passage du courant

Fig. 25.

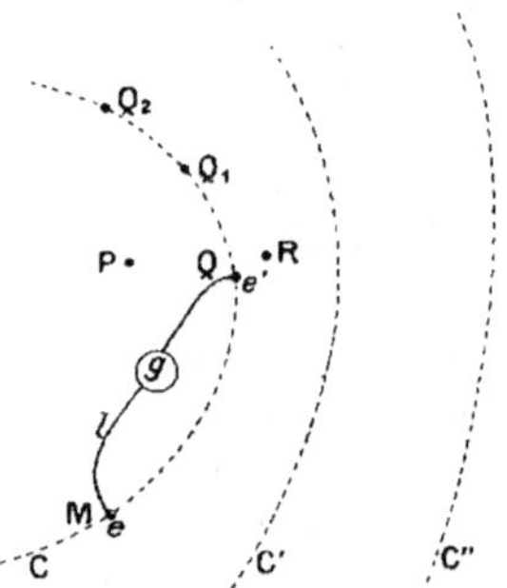

se fait au moyen d'une ligne volante *l*, qui contient un appareil de
mesure *g* (téléphone, galvanomètre, potentiomètre) et touche le sol
avec deux électrodes *e* et *e'*.

Pour tracer une ligne équipotentielle C, on maintient l'électrode *e* en un point fixe M (*fig.* 25), et l'on tâte le sol en différents points P, Q, R avec l'autre électrode *e'*, tout en observant l'appareil de mesure *g*. Lorsque celui-ci ne donne plus d'indication (pas de son dans le téléphone, pas de déviation dans le galvanomètre), c'est que le point Q touché est au même potentiel que M et fait partie de la courbe C cherchée. Il suffit de déterminer ainsi un nombre suffisant de points Q, Q_1, Q_2, ... équipotentiels de M, puis de les relever topographiquement, pour obtenir le tracé de la courbe C sur la carte des potentiels.

Pour numéroter des courbes C, C', C″, il suffit de mesurer, au moyen d'une unité arbitraire, la différence de potentiel qui existe entre elles. De même, pour établir un profil des potentiels ou un profil des intensités de champ, on mesure les différences de potentiel qui existent entre une série de points du sol, disposés par exemple sur un alignement et à égale distance les uns des autres.

Ces mesures, faciles à faire en courant continu avec un potentiomètre, comme nous le verrons plus loin, peuvent être exécutées par la méthode décrite ci-dessous en note, qui se prête au courant alternatif et répond bien à la notion théorique de numérotation relative définie page 13 ([1]).

([1]) La courbe n° 100 (courbe à 1^m de A, si la distance AB est égale à 100^m) et la courbe n° 0 (courbe à 1^m de B) sont réunies par une ligne $\alpha\beta$ contenant une grande résistance R, de 100 000 ohms, par exemple (*fig.* 26). Il s'établit dans cette

Fig. 26.

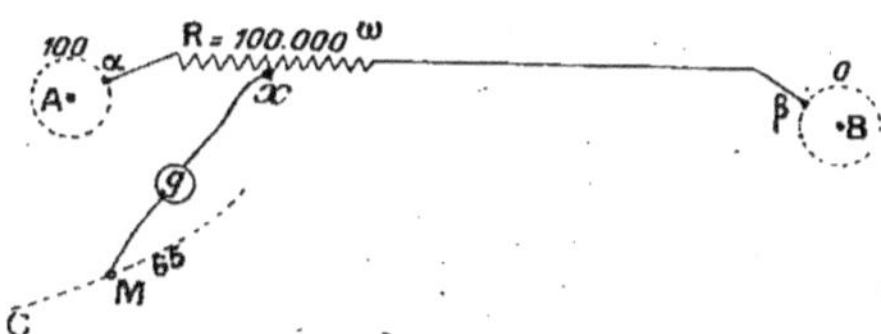

ligne une très légère dérivation du courant allant de A vers B, qui y produit des chutes de potentiel proportionnelles à la résistance. Le potentiel tombe donc le long de R de la valeur 100 à l'entrée à la valeur 0 à la sortie du courant, et si x est un point de R, tel qu'il y ait 35 000 ohms entre α et x et 65 000 ohms entre x et β, son potentiel a pour valeur 65 avec nos unités relatives. Pour déterminer le potentiel d'un point M quelconque du sol, on réunit M au moyen d'une ligne con-

Choix du courant continu. — *A priori*, on peut utiliser soit du courant alternatif, avec comme appareil indicateur *g* un téléphone, soit du courant continu, en faisant les observations au galvanomètre. J'ai commencé par des essais avec l'alternatif, produit soit par une forte bobine d'induction, soit par un alternateur 1000 périodes, car j'étais tenté par la simplicité et la sensibilité que donne le téléphone comme appareil récepteur. Mais je me suis heurté à la difficulté fondamentale suivante. Le téléphone compris dans la ligne volante *l* (*fig.* 24) n'est pas seulement influencé par la différence de potentiel entre *e* et *e'* qui provient de la chute ohmique produite par le passage du courant à travers le sol. A cette action ohmique, la seule envisagée dans cette étude, se superposent en effet les phénomènes d'induction entre le circuit A-L-B-*sol*-A, qui joue le rôle d'inducteur, et le circuit téléphonique *e-l-é-sol-e*, qui est influencé comme induit. Ces phénomènes ne sont pas (avec les dimensions relatives des circuits et la fréquence des courants qu'il faut adopter pour faire sonner le téléphone) négligeables vis-à-vis des différences de potentiel par chute ohmique. Il s'introduit donc une complexité qui m'a paru nuire gravement à la précision des mesures (¹).

---

tenant un appareil de mesure *g* (téléphone ou galvanomètre) au point *x*, mobile le long de R, et l'on fait glisser ce point de contact jusqu'à obtenir l'équilibre de l'appareil. On lit alors, d'après la valeur des résistances, quel est le potentiel de *x*, donc celui de M qui lui est égal. Si 65 est le potentiel de M, 65 sera le numéro de la courbe équipotentielle C passant par M.

(¹) Voici quelques indications complémentaires. Supposons (*fig.* 27) que les

Fig. 27.

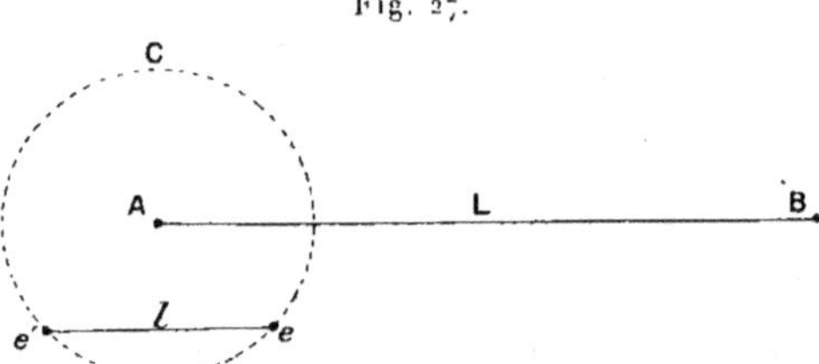

deux extrémités *e* et *e'* de la ligne volante *l* touchent le sol en deux points d'une courbe équipotentielle C (au point de vue de l'effet ohmique), comme cela est par exemple le cas en sol homogène si C est une circonférence centrée sur A, l'autre prise B étant très loin de là. Il est clair que les circuits A-L-B-*sol*-A, et *e-l-e'-sol-e*,

Ces difficultés disparaissent avec le courant continu, que j'ai en conséquence adopté. Le continu présente, de plus, les deux avantages suivants. Le galvanomètre g intercalé (*fig.* 25) dans la ligne volante indique le sens du courant qui traverse cette ligne, c'est-à-dire le sens de la différence de potentiel qui existe entre les deux extrémités e et e'. Lorsqu'on tâte le sol en P, Q, R à l'aide de l'électrode mobile e', on peut reconnaître si le point touché se trouve à l'intérieur ou à l'extérieur de C, dont le sens dans lequel il convient de se déplacer. Rien de tel avec le téléphone, qui est seulement un appareil de zéro. Le second avantage, plus important, est la possibilité d'intercaler dans la ligne l, avec le galvanomètre, un potentiomètre, qui permet de mesurer, par une méthode d'équilibre, la différence de potentiel existant entre les points e et e' du sol. On fait ainsi sans difficulté des mesures quantitatives et non plus de simples observations qualitatives. La numérotation des courbes équipotentielles et l'établissement des profils de potentiel ou d'intensité de champ est fort expéditif, alors qu'avec l'alternatif il faut adopter la méthode plus compliquée, exposée en note, page 31.

Électrodes impolarisables. — L'emploi du continu entraîne de son côté certaines causes d'erreur graves, qui doivent être éliminées de toute nécessité.

Lorsque l'on touche le sol avec deux électrodes métalliques e et e', réunies par une ligne l, on forme une pile dont le sol humide constitue l'électrolyte (*fig.* 28). La force électromotrice de cet élément, nulle avec deux électrodes identiques et un sol parfaitement régulier,

---

possèdent un coefficient d'induction mutuelle notable lorsque les lignes L et l sont parallèles. Un téléphone intercalé dans l doit donc sonner sous l'action du courant dans L, bien qu'au point de vue ohmique, qui seul nous occupe, e et e' soient équipotentiels. Cette action parasite inductive dépend de la perméabilité magnétique et du pouvoir inducteur spécifique des roches et, pour des points, A, B, e, e' déterminés, des trajets suivis par les deux lignes L et l; elle est d'autant plus importante que la fréquence est plus élevée et devient tout à fait prépondérante en haute fréquence.

Ajoutons toutefois que, lorsqu'on opère en laboratoire sur un sol artificiel d'étendue restreinte, le tracé de courbes équipotentielles peut se faire assez correctement au téléphone; mais les lignes L et l ont alors des dimensions et des dispositions très différentes de celles qu'elles ont nécessairement dans la pratique.

est d'autant plus élevée que les deux électrodes sont moins sem-
blables. En pratique, même avec des métaux inattaquables (tiges
dorées), la force électromotrice atteint facilement plusieurs centaines de millivolts ; elle provient alors en majeure partie de la polari-

Fig. 28.

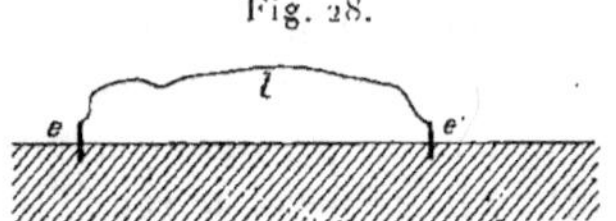

sation produite au contact du métal et du sol par le passage du
courant dans la ligne l, courant qui existe nécessairement dans nos
mesures. Cette force électromotrice est donc nécessairement notable,
mais aussi très variable, et dans la pratique, avec des électrodes
métalliques, les mesures de potentiel à la surface du sol ne peuvent
pas correctement descendre au-dessous d'une centaine de millivolts.

Pour remédier à ce défaut, il faut avoir recours à des électrodes
impolarisables. Je me suis arrêté au type suivant. Un tube T de

Fig. 29.

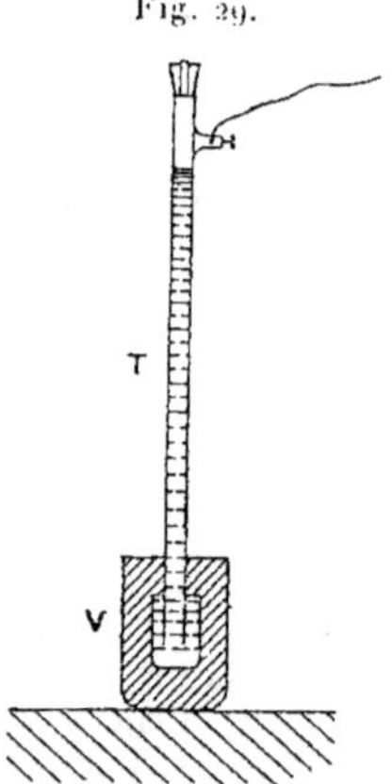

cuivre rouge (*fig.* 29) est serti dans un vase poreux V qui contient
une solution concentrée (avec excès de cristaux) de sulfate de cuivre,
et qui seul touche le sol. Les électrodes ainsi constituées sont impolarisables, puisque le passage du courant dans leur ligne de jonction
provoque des réactions inverses, ne changeant pas la composition

des corps en contact ([1]); elles ne donnent pas lieu, d'autre part, à une force électromotrice permanente appréciable, puisqu'elles sont sensiblement identiques. On arrive ainsi, en choisissant convenablement les électrodes que l'on accouple deux à deux, à ce que la force électromotrice ne dépasse pas un millivolt et reste de cet ordre de grandeur pendant des expériences prolongées ([2]).

Les différences de potentiel que l'on peut mesurer à la surface du sol d'une façon correcte sont donc au moins une centaine de fois plus petites que celles que l'on pourrait mesurer avec des électrodes métalliques. Ceci permet de réduire la puissance à dépenser pour le passage du courant dans le sol dans le rapport ([3]) de 10 000 à 1.

([1]) Il s'agit d'une propriété approximative, les réactions ne s'équilibrant pas rigoureusement, ni instantanément. Par exemple, la concentration de la pellicule liquide contre la cathode diminue d'abord par dépôt de cuivre et il faut un certain temps pour qu'elle retrouve sa valeur par dissolution de cristaux en excès. Il y a donc intérêt à réduire ces réactions, c'est-à-dire à augmenter la surface métallique sur laquelle s'effectue un dépôt électrolytique donné. C'est ce qui conduit à prendre un tube de cuivre et non une tige. La surface de cuivre utilisée dans notre type d'électrode dépasse 200^{cm^2}; les courants observés débitent quelques dizaines de microcoulombs. On voit combien les réactions sont réduites, et encore avec les méthodes de zéro, toujours utilisées, les courants sont-ils tantôt dans un sens et tantôt dans l'autre.

Notons que, dans cette théorie, on ne tient compte que des forces électromotrices entre électrolytes et métaux, et non de celles qui peuvent exister au contact des électrolytes entre eux, sulfate de cuivre et eau d'imbibition du sol dans le cas présent. Il doit donc y avoir du fait de ce contact des forces électromotrices de polarisation; mais le bon fonctionnement pratique du dispositif adopté montre que cet effet ne peut être que minime (*voir* page 84).

([2]) Avec une terre poreuse convenable, il se forme une cloison semi-perméable, probablement par précipitation d'oxyde de cuivre. Il en résulte que l'électrode trempée dans l'eau absorbe du liquide sous l'action de la pression osmotique de la liqueur de sulfate de cuivre. Les vases poreux, qui s'assèchent par évaporation, s'humidifient ainsi très aisément et peuvent servir plusieurs mois sans être rechargés.

Le joint entre le vase et la tige se fait avec du mastic à chaud. Le tube a environ 1^m de longueur. L'électrode se manœuvre comme une canne et est suffisamment solide pour qu'il n'y ait pas de précautions à prendre.

([3]) En effet, la puissance dépensée est de la forme $R\,i^2$, où R représente la résistance du circuit terrestre et i l'intensité du courant débité. Or la chute du potentiel entre deux points donnés du sol est proportionnelle à i. Réduire cette chute à $\frac{1}{100}$ de sa valeur, revient à réduire l'intensité à $\frac{1}{100}$ et la puissance à $\frac{1}{10\,000}$.

C'est cette réduction immense qui seule rend possible comme source
d'énergie l'emploi d'accumulateurs ou d'un groupe électrogène très
léger, condition indispensable pour les applications pratiques.

**Élimination des erreurs dues à la polarisation spontanée et aux
courants telluriques.** — Une seconde difficulté inhérente au
courant continu provient des différences de potentiel qui existent spontanément entre deux points quelconques du sol et qui se superposent à
l'action du courant que l'on veut étudier. Ces différences de potentiel
sont de deux ordres. Les unes constantes, provenant de phénomènes
chimiques ou électrocapillaires, seront étudiées à la fin de ce Mémoire
sous le nom de *polarisation spontanée*, les autres variables sont
dues aux courants telluriques qui parcourent en tous sens l'écorce
terrestre ([1]). Ces deux causes d'erreurs qui seraient gênantes dans
certains cas (longues lignes, proximité de gisements de pyrite) sont
éliminées en rétablissant et en supprimant le courant principal à
intervalles réguliers et en ne tenant compte, dans la lecture du galvanomètre, que des déviations produites par l'établissement ou la
suppression du courant ([2]).

Renseignements divers sur les appareils. — Les prises de terre A
et B sont constituées chacune par quelques piquets métalliques (1 à 8)
enfoncés dans le sol, à quelques mètres les uns des autres et disposés
le plus souvent sur une circonférence ([3]). La résistance du circuit

---

([1]) La polarisation spontanée ne dépasse pas en terrain bien régulier une
dizaine de millivolts, mais elle peut atteindre dans le voisinage des masses de
pyrite jusqu'à 500 millivolts. Les courants telluriques, extrêmement irréguliers,
provoquent des différences de potentiel qui restent presque toujours au-dessous de
1 millivolt pour 5^m de distance.

([2]) Il y a intérêt à procéder non pas en interrompant le courant, mais en inver-
sant son sens. En effet, une inversion du courant change le sens de la déviation
du galvanomètre, ce qui revient à doubler l'amplitude des déplacements de
l'aiguille de cet instrument, donc la sensibilité.

([3]) Placés trop près, les piquets n'ajoutent plus entièrement leurs conductibilités propres. Pour des piquets distants d'au moins 5 fois leur longueur, on peut
admettre, sans une trop grave erreur, qu'il y a addition des conductibilités, autre-
ment dit qu'une prise de terre constituée par 5 piquets a une résistance 5 fois
moindre que si l'on n'utilisait qu'un seul piquet. Ceci, toutefois, n'est vrai qu'en sol

terrestre entre ces prises varie beaucoup suivant la nature du sol, surtout du sol dans le voisinage des prises; on peut admettre que dans un pays moyennement humide, elle reste comprise entre 3o et 3oo ohms, en oscillant le plus souvent entre 5o et 1oo ohms. On obtient une sensibilité suffisante pour les observations de potentiel à grande distance (plusieurs centaines de mètres) des prises de terres, en faisant passer un courant de 2 à 5 ampères, de sorte que la différence de potentiel que doit fournir la génératrice est comprise entre 1oo et 2oo volts (^{1}) et que la puissance dépensée varie de 3oo à 15oo watts par exemple.

Comme génératrice, j'ai utilisé soit une dynamo actionnée par un petit moteur à essence, soit une batterie de petits accumulateurs.

La ligne volante, terminée par les électrodes impolarisables précédemment décrites, a une longueur de $5o^m$ environ. Elle comporte pour la facilité de la circulation un dispositif d'enroulement du fil, monté sur les tiges de cuivre des deux électrodes.

Le galvanomètre intercalé dans la ligne est un appareil à aiguille, dont la sensibilité est de 1 division pour 1 microampère. Il pèse environ 1^{kg}, et peut être porté au moyen d'un cordon passant sur l'épaule. Les lectures se font bien en faisant reposer le galvanomètre sur l'électrode, tenue verticalement. Un support plus stable est généralement inutile.

Le potentiomètre est d'un modèle très simplifié. Il pèse environ $3oo^g$ et se fixe sous le galvanomètre. Il a été combiné de manière à donner 2oo millivolts par fractions de 1o millivolts.

Avec cet ensemble, on peut mesurer normalement des différences de potentiel jusqu'à un minimum d'un millivolt, lorsque le sol n'est pas très sec. Dans ce dernier cas, la résistance du circuit de la ligne volante devient trop élevée et les déviations du galvanomètre ne sont nettes que pour quelques dizaines de millivolts.

Précision des résultats. — En restant dans les limites de puissance et de sensibilité indiquées, on peut tracer les courbes équipoten-

---

sensiblement homogène. Lorsqu'il n'y a qu'une mince couche de terre sur un rocher compact, les piquets se nuisent davantage les uns aux autres et il faut plus les écarter.

(^{1}) Une tension supérieure présenterait quelques dangers.

tielles avec une grande précision et sur de vastes étendues. Ainsi, en terrain favorable, par exemple argileux et pas trop sec, et à 400^m de la prise A (l'autre prise étant très éloignée), on peut déterminer par cheminements successifs des courbes équipotentielles qui ont environ $2^{km}, 5$ de développement et fermer ces courbes avec une erreur de quelques mètres seulement [1].

Les mesures au potentiomètre des différences de potentiel entre deux points du sol sont un peu moins satisfaisantes, notamment parce qu'il est difficile de maintenir le courant bien constant pendant la durée d'une expérience [2]. Toutefois il semble facile de ne pas commettre, tout compte fait, d'erreurs relatives supérieures à $\frac{1}{10}$, même à $\frac{1}{20}$. C'est donc sur cette précision que l'on peut compter dans l'établissement des profils de potentiel ou de champ.

Résumé. — En résumé, les appareils qui ont été l'objet d'études prolongées sur le terrain paraissent actuellement à peu près au point. Ils permettent d'étudier complètement et avec précision la répartition des potentiels à la surface du sol dans une région pouvant embrasser plusieurs kilomètres carrés autour des prises de terre A et B, tout en ne dépensant, pour la production du courant électrique, qu'une puissance de l'ordre de 1 kilowatt.

J'ajoute que les instruments de mesure paraissent bien adaptés à l'observation de toutes les faibles différences de potentiel du sol. Ils conviendraient notamment pour l'étude des courants vagabonds (tramways) ou pour celle des courants telluriques.

---

[1] A 100^m de la prise A, la précision pourrait être 16 fois supérieure, puisque l'intensité du champ électrique qui règle cette précision varie en raison inverse du carré de la distance et est donc 16 fois plus forte.

[2] La résistance des prises de terre varie par suite des dépôts gazeux sur la surface des piquets et le sol lui-même se polarise, comme nous le verrons plus loin. Les variations du courant seraient sans importance si l'on appliquait la méthode décrite dans la note de la page 31.

CHAPITRE V.

APPLICATION DE LA CARTE DES POTENTIELS
A L'ÉTUDE D'UN TERRAIN STRATIFIÉ REDRESSÉ.

La méthode de la carte des potentiels, qui revient, ainsi que je l'ai déjà indiqué, à étudier par des mesures faites en surface la manière dont un courant électrique se répartit à l'intérieur du sol, peut se prêter à des applications très variées. Théoriquement, elle permettrait d'aborder tous les problèmes d'investigation du sol, dans lesquels interviennent des roches ou des minéraux inégalement conducteurs. Pratiquement, il faut rechercher les cas particuliers où son application paraît susceptible de rendre des services.

A ce point de vue, j'examinerai successivement dans les Chapitres V et VI deux problèmes pour lesquels j'ai fait de nombreuses expériences sur le terrain. Ce sont l'étude d'un terrain stratifié redressé et celle de la forme d'un amas conducteur enfoui. Pour ces deux cas, je commencerai par des considérations d'ordre théorique, puis je décrirai le mode d'application adopté et les résultats obtenus.

L'étude d'un terrain stratifié redressé que j'envisage ne présente un intérêt pratique que lorsque les observations directes sont rendues impossibles par des recouvrements qui masquent les roches. Je suppose donc que l'on se trouve dans ce cas, si fréquent dans la réalité, soit qu'il y ait réellement une couverture plus ou moins épaisse de morts-terrains sédimentaires récents, soit simplement que de la terre végétale ou des éboulis cachent la roche en place.

J'examinerai comment on peut déterminer la direction horizontale de la stratification, le sens du pendage des couches, puis comment il est possible de suivre de proche en proche un banc de roche donné, caractériser ses tailles et mesurer l'amplitude de ses rejets.

Direction de la stratification. — Considérons un terrain stratifié

redressé, composé d'une série de roches alternées de natures différentes, schistes et grès par exemple, comme cela est le cas habituel
des terrains anciens. On démontre qu'un tel sol se comporte dans son
ensemble comme un corps anisotrope, possédant une conductibilité
électrique plus grande dans le sens des couches que dans le sens perpendiculaire, et cela quelle que soit la nature des couches, pourvu
que celles-ci aient des résistivités différentes.

La considération du cas extrême suivant explique cette propriété.
Une pile de lames conductrices et isolantes, comme le sont par
exemple les feuilles d'étain et de papier paraffiné d'un condensateur,
conduit l'électricité dans le sens du plan des feuilles, alors qu'il est
isolant dans le sens transversal. On conçoit que cette anisotropie
subsisterait atténuée, si les feuilles de papier avaient une conductibilité
notable, pourvu que celle-ci fût inférieure à celle des feuilles métalliques (^{1}). On peut encore dire que la conductibilité des feuilles

---

(^{1}) Voici un raisonnement rigoureux pour le cas d'un massif formé de deux
sortes de roches de résistivités ρ et $x\rho$, qui sont réparties de telle sorte qu'il y ait
une proportion (épaisseur des bancs) de 1 pour la première roche et de y pour la
deuxième. On trouve dans ces conditions, pour la résistivité moyenne ρ_t dans le
sens transversal aux bancs, la valeur

$$\rho_t = \rho \, \frac{1 + xy}{1 + y},$$

alors que la résistivité moyenne longitudinale ρ_l est donnée par l'expression

$$\rho_l = \rho \, \frac{x(1 + y)}{x + y}.$$

On en déduit pour le rapport des résistivités la valeur

$$z = \frac{\rho_t}{\rho_l} = \frac{(1 + xy)(x + y)}{x(1 + y)^2}.$$

Cette fonction z des deux variables x et y représente la grandeur de l'anisotropie
du terrain au point de vue de la conductibilité électrique. Elle ne change pas
quand on remplace x ou y par leurs inverses $\frac{1}{x}$ ou $\frac{1}{y}$. Ceci montre que seule la
proportion relative des deux roches intervient, ainsi que le rapport de leurs
résistivités respectives; peu importe que la roche la plus résistante soit la plus
abondante des deux ou la plus rare.

La discussion de z établit que cette fonction est d'autant plus grande pour
une valeur de x donnée que y est plus voisin de l'unité; l'anisotropie maxima
pour un terrain composé de deux espèces de roches a donc lieu lorsque ces deux
roches sont en quantités égales ($y = 1$). Dans ces conditions optima, il suffit que le

conductrices joue dans le sens longitudinal (addition des conductibilités de conducteurs disposés en parallèle), alors que la résistance
des feuilles isolantes intervient dans le sens transversal (addition des
résistances de conducteurs en série).

Il est évident qu'il ne s'agit là que d'une propriété *moyenne* et
que l'on ne peut assimiler le terrain stratifié à un corps homogène
anisotrope qu'à la condition d'envisager un espace assez vaste pour
que l'épaisseur des bancs individuels puisse être considérée comme
très petite. Dans la pratique, l'anisotropie se trouve fortement accentuée par le fait que l'humidité, au lieu de se répartir uniformément,
se concentre dans des strates parallèles. C'est, par exemple, le cas des
massifs calcaires qui contiennent entre leurs bancs de minces couches
d'argile humide.

Plaçons dans un massif stratifié, dont nous supposerons d'abord

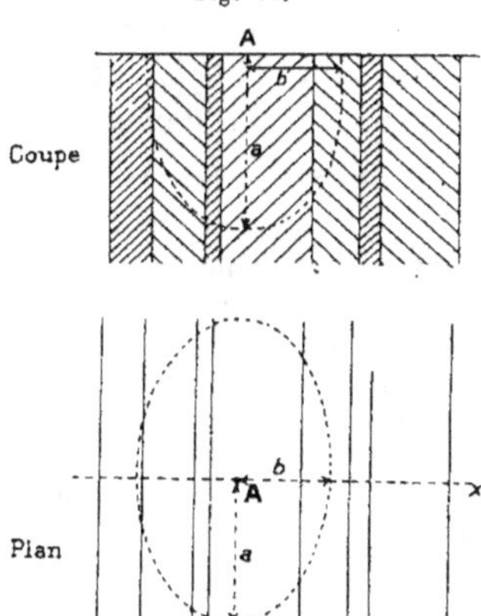

Fig. 3o.

la stratification verticale, une prise de terre A, l'autre prise B étant

---

rapport x des résistivités atteigne la valeur d'environ 6 pour donner à l'anisotropie z la valeur 2. On peut donc dire qu'un massif constitué à égalité, par
exemple de schistes et de grès, sera deux fois plus conducteur dans le sens longitudinal que dans le sens transversal, pourvu que les schistes soient 6 fois plus
conducteurs que les grès. La même valeur 2 de l'anisotropie est encore réalisée
dans un terrain à fissures parallèles aquifères, lorsque l'épaisseur des fissures est
de 1^{mm} pour 1^m de roche ($y = 1000$), en admettant que la conductibilité de l'eau
soit 1000 fois supérieure à celle de la pierre compacte ($x = 1000$).

très éloignée (*fig.* 30). Les surfaces équipotentielles à l'intérieur du sol autour de A ne sont plus des sphères comme dans un milieu isotrope. On démontre qu'elles sont des ellipsoïdes aplatis de révolution autour de la perpendiculaire Ax au plan de stratification [1].

Si l'on envisage non plus les surfaces équipotentielles intérieures au sol, mais les courbes équipotentielles superficielles que l'on peut tracer autour de la prise de terre A, on voit que ce sont des ellipses qui sont allongées dans le sens de la stratification. L'allongement de ces ellipses est d'autant plus grand que l'anisotropie du terrain, c'est-à-dire que la différence entre les conductibilités longitudinale et transversale aux couches, est plus accentuée. On peut d'ailleurs faire des calculs exacts, comme cela est exposé dans la note ci-dessous, et exprimer l'ellipticité de ces courbes équipotentielles en fonction des divers paramètres du sol.

Supposons maintenant que la stratification, au lieu d'être verticale soit seulement inclinée sur l'horizontale. L'allongement de ces ellipses est moindre. Il disparaît même entièrement dans le cas de strates horizontales et les courbes deviennent circulaires comme

---

[1] La démonstration du fait que la surface équipotentielle dans un corps anisotrope est un ellipsoïde est la même que celle par laquelle on établit qu'une surface isotherme autour d'une source de chaleur ponctuelle est un ellipsoïde. Dans le cas présent, l'ellipsoïde est de révolution autour de A x par raison de symétrie. Le petit axe de l'ellipsoïde est dirigé dans le sens de moindre conductibilité, suivant A x, perpendiculairement au plan de stratification. Il s'agit donc d'un ellipsoïde de révolution aplati. On démontre que le rapport du grand axe a au petit axe b est égal à la racine carrée du rapport des conductibilités (inverse des résistivités) longitudinale et transversale; on a donc

$$\frac{a}{b} = \sqrt{\frac{\dfrac{1}{\rho_l}}{\dfrac{1}{\rho_t}}} = \sqrt{\frac{\rho_t}{\rho_l}} = \sqrt{z},$$

z étant la fonction précédemment étudiée.

Les courbes équipotentielles superficielles, qui sont la section par le plan horizontal de ces ellipsoïdes aplatis, sont des ellipses d'axes a et b. Leur allongement ou ellipsité peut être mesuré par le rapport $\dfrac{a}{b}$ qui est égal à $\sqrt{z}$; il est nul $\left(\dfrac{a}{b} = 1\right)$ quand le terrain est isotrope ($z = 1$); il commence à être appréciable $\left(\dfrac{a}{b} = 1,1\right)$ lorsque $z = 1,2$ et il devient notable $\left(\dfrac{a}{b} = 1,41\right)$ si z atteint la valeur 2.

l'exige la symétrie. En pareil cas, d'ailleurs, il n'y a plus à parler de direction de stratification (¹).

En résumé, lorsqu'on trace des courbes équipotentielles autour d'une prise de terre placée dans un terrain stratifié à bancs suffisamment inclinés sur l'horizontale, ces courbes sont allongées dans la direction de la stratification, de sorte que l'observation de cet allongement permet de trouver la direction cherchée. Si l'on considère différents terrains présentant le même pendage, l'allongement des courbes dépend seulement des propriétés de chaque terrain particulier et permettra de caractériser ces divers terrains.

Quand le sol stratifié est recouvert par des morts-terrains d'une certaine épaisseur, il faut, pour que ces conclusions restent valables, que les surfaces équipotentielles pénètrent profondément dans le sous-sol stratifié, de manière que l'action déformante de celui-ci intervienne suffisamment (*fig.* 32). Il est donc nécessaire d'expérimenter sur de grandes courbes, dont le rayon par exemple est double de l'épaisseur du recouvrement. Celui-ci d'ailleurs, suivant une remarque déjà faite, estompera d'autant plus la perturbation recher-

---

(¹) Si les strates font un angle θ avec le plan horizontal, le rapport des axes des ellipses équipotentielles a pour valeur

$$\sqrt{1 + (z - 1) \sin^2\theta}.$$

On voit notamment que pour $z = 2$ (cas envisagé précédemment), ce rapport vaut

$$\sqrt{1 + \sin^2\theta},$$

ce qui pour $\theta = 27°$ donne 1,1 ; l'allongement des courbes équipotentielles est donc encore appréciable dans ces conditions. Il faut noter que ces calculs ne sont qu'approchés et que les courbes ne sont plus exactement elliptiques.

Dans le cas de strates horizontales, les ellipsoïdes équipotentiels à l'intérieur du

Fig. 31.

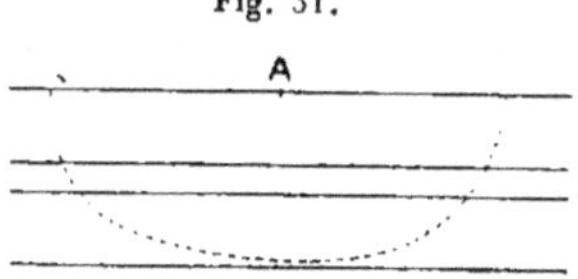

sol ont leur axe de révolution vertical comme l'indique la figure 31. Ils sont aplatis dans le sens vertical.

chée, qui est ici l'allongement, qu'il sera plus conducteur [1] par rapport au sous-sol stratifié, de sorte qu'on ne peut pas donner de règle précise. Dans la pratique, les morts-terrains sont souvent en couches bien horizontales et présentent peu d'irrégularités dans le relief; ils ne donnent donc pas de déformations propres aux

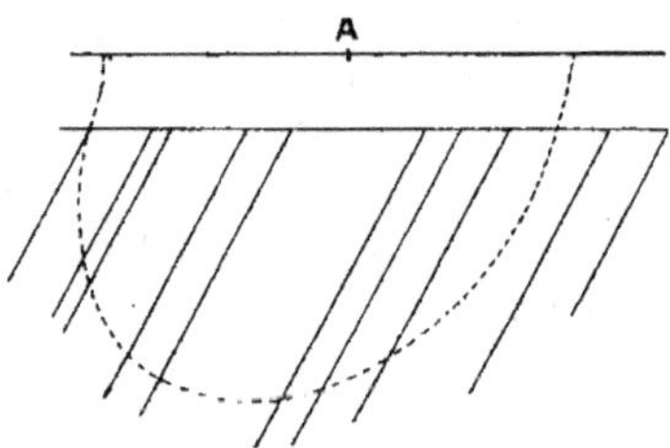

Fig. 32.

courbes équipotentielles et agissent seulement comme écran plus ou moins opaque.

L'obligation d'opérer sur des courbes de grands rayons, de plusieurs centaines de mètres par exemple, a comme conséquence que seule la direction moyenne de stratification d'une région assez vaste peut être ainsi étudiée. Au point de vue pratique cela n'est pas toujours un inconvénient, car le problème est souvent plutôt de voir le dessin d'ensemble des couches que de suivre dans le détail toutes leurs sinuosités.

Sens du pendage. [2]. — La détermination du sens du pendage est facile quand on peut prendre une prise de terre profonde telle que A par exemple, grâce à un sondage S. Admettons qu'il n'y ait pas de recouvrement et que les terrains soient régulièrement anisotropes sur toute la hauteur du sondage. Les surfaces équipotentielles enveloppant A sont au voisinage de A des ellipsoïdes centrés sur A et de

---

[1] Les morts-terrains sont souvent argileux ou aquifères et par suite très conducteurs.

[2] Le paragraphe comporte la rectification d'une inexactitude théorique commise dans la rédaction de février 1920, inexactitude qui avait été corrigée par un addendum dès la fin de 1920. C'est la seule modification apportée à l'édition originale.

révolution autour de l'axe AZ perpendiculaire aux strates (*fig.* 33). Ces ellipsoïdes sont déformés dans leur partie affleurante par la perturbation que provoque la surface du sol (contact d'un milieu isolant). Malgré cette déformation, les courbes équipotentielles en

Fig. 33.

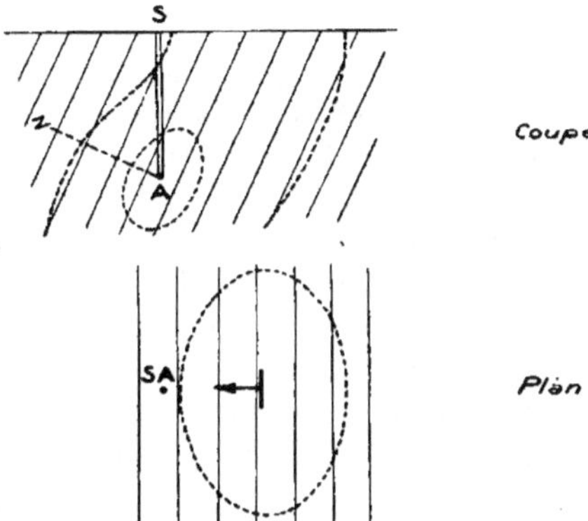

surface restent sensiblement des ellipses dont le centre est déporté vers l'amont pendage de A, comme l'indique la figure 33. La présence d'un recouvrement horizontal ne change rien d'essentiel aux résultats ci-dessus qui apparaissent seulement sous une forme plus atténuée.

Nous avions pensé jadis que le sens du pendage apparaissait aussi

Fig. 34.

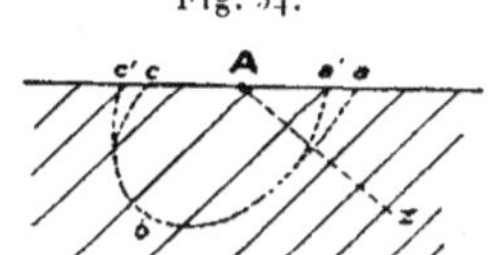

sous forme de décentrement des ellipses, même lorsque l'émission du courant se fait par une prise de terre superficielle A, ainsi que l'indique la figure 34. Nous admettions que l'obligation pour les filets de courant superficiels, de circuler horizontalement à la surface du sol, entraînait la déformation des ellipsoïdes équipotentiels, suivant le tracé en ponctué, afin de maintenir le principe de rectangularité entre filets de courant et surfaces équipotentielles. Ceci est inexact. En effet, on démontre que dans un milieu anisotrope indéfini autour d'une prise A, les lignes de courant sont des droites, rayonnant du point A, exactement comme en milieu isotrope. Ces droites de courant ne recoupent pas orthogonalement, mais obliquement, les ellipsoïdes équipotentiels. Il en résulte que la présence du plan de surface passant par A, c'est-à-dire d'un plan de courant, n'entraîne aucune perturbation.

Le fait qu'en milieu isotrope, les lignes de courant recoupent obliquement les surfaces équipotentielles, revient à dire que les ions ne se propagent pas suivant la direction de la force électrique qui les tire et qui, elle, coïncide avec la normale à la surface équipotentielle. L'image suivante, permet de saisir grossièrement la chose. En terrain stratifié, les ions ont une plus grande mobilité dans le sens des strates que normalement à celles-ci. Ils voyagent obliquement sur la force électrique, exactement comme un bateau se déplace obliquement sur la force du vent qui le pousse, parce que sa mobilité parallèlement à sa longueur est plus grande que perpendiculairement.

Localisation d'un banc de roche déterminé. — Nous supposerons la stratification verticale ou du moins très redressée, les phénomènes ayant dans ce cas leur maximum de netteté, alors qu'ils s'estompent progressivement à mesure que le pendage est plus atténué.

Fig. 35.

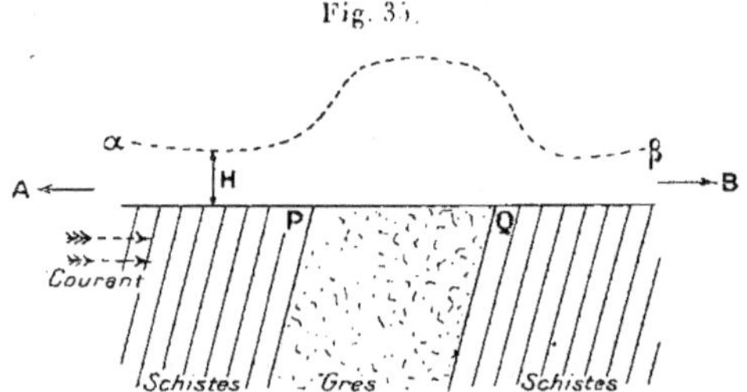

Admettons que le banc PQ (*fig.* 35) de roche à étudier soit plus résistant que le terrain ambiant, ait par exemple une résistivité double, comme cela peut être le cas pour un banc de grès enfermé dans des schistes. Pour localiser l'emplacement d'un tel banc, nous examinerons deux procédés, l'un reposant sur l'établissement d'un profil du champ

électrique (p. 18) et l'autre sur la réfraction des courbes équipotentielles (p. 22).

Pour opérer par profil du champ électrique (*fig.* 35), on dispose
les deux prises de terre A et B à grande distance (1000^m à 2000^m,
par exemple) de part et d'autre du banc PQ, la ligne AB étant sensiblement perpendiculaire à la direction de la stratification préalable-
ment déterminée. On établit alors le profil $\alpha\beta$ le long de la droite AB,
dans la région où l'on recherche le passage du banc PQ; ce profil,
qui serait à peu près un palier horizontal en sol homogène, présente
une bosse au-dessus du banc PQ. En effet, puisque la densité du
courant est sensiblement constante dans toute la région, le champ
électrique est proportionnel à la résistivité ([1]) et il a, à l'aplomb des
grès, une valeur par exemple double de celle qu'il a au-dessus des
schistes. La simple inspection du profil indique donc l'emplacement
cherché, la largeur du banc et, dans une certaine mesure, la valeur
relative de la résistivité de la roche qui le constitue.

Pour employer la méthode de réfraction (*fig.* 36), on dispose les

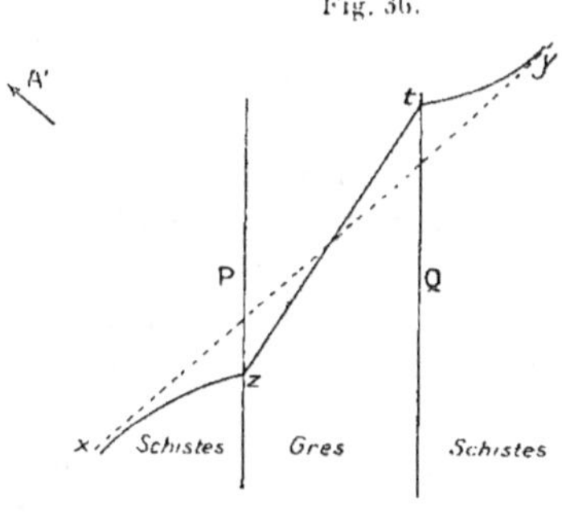

Fig. 36.

prises de terre suivant A' et B', la droite A' B' étant inclinée approximativement à 45° sur la direction de la stratification. On trace alors
une ligne équipotentielle quelconque de la région médiane. En
terrain homogène, cette ligne serait sensiblement une droite xy
perpendiculaire à A' B'. Le banc de grès isolant PQ réfracte cette ligne

---

([1]) Le problème est le même que celui du mur de Fourier. Les filets de courant
sont des cylindres horizontaux.

qui s'infléchit en forme de S suivant $xzty$, de manière à traverser PQ plus obliquement que xy. Une telle déformation est en pratique très apparente sur le terrain, si l'on a eu soin de jalonner la courbe équipotentielle et si on l'observe en longueur à partir d'une de ses extrémités.

Nous n'avons rien dit du recouvrement qui est supposé masquer le terrain à étudier. Son action est, comme toujours, d'estomper les phénomènes. La bosse du profil du champ électrique sera étalée et moins haute, les coudes de la courbe équipotentielle réfractée seront arrondis. Pour que ces déformations restent encore perceptibles, il faut d'abord que l'écart entre les résistivités des deux sortes de roches soit suffisant, puis que l'épaisseur du banc PQ soit assez grande vis-à-vis de celle du recouvrement. Comme toujours les phénomènes profonds ne sont perceptibles qu'à la condition d'être suffisamment amples.

Il convient de remarquer que lorsque les morts-terrains sont irréguliers, cela peut introduire une grosse difficulté, parce qu'aux perturbations dues au terrain profond se superposent celles produites par le recouvrement et qu'il est difficile de distinguer les deux causes. Dans la pratique, on se trouvera par exemple fréquemment en présence d'irrégularités dans l'épaisseur des morts-terrains et l'on pourra attribuer par erreur au terrain profond une augmentation de résistance qui provient simplement d'une moindre épaisseur de la couverture, plus conductrice que son substratum.

Notons que le problème que nous venons d'examiner est celui très général de la détermination du contact (supposé vertical ou du moins assez incliné) de deux roches quelconques de natures différentes. Sa solution semble aisée, pourvu qu'il y ait un écart suffisant (proportion de 1 à 2, par exemple) entre les résistivités des deux roches et pourvu que le recouvrement qui masque le contact soit lui-même régulier et relativement peu épais vis-à-vis des dimensions des roches à caractériser (p. 24).

Détermination des failles et mesure de l'amplitude des rejets horizontaux. — Puisqu'il est possible, au moyen d'un profil du champ, de repérer le passage d'un banc donné PQ, on peut suivre celui-ci de proche en proche, et donc trouver les points où il subit des rejets. Il est toutefois plus simple d'aborder la question directement.

Supposons, par exemple, que le banc peu conducteur PQ de grès intercalé dans des schistes soit rejeté en P′ Q′ par une faille F (*fig.* 37). Voici comment on pourra trouver l'emplacement de la faille et en même temps évaluer l'amplitude horizontale du rejet. Les prises A et B étant disposées de part et d'autre de PQ, comme pour l'établissement du profil, on trace une ligne équipotentielle *xy* approximati-

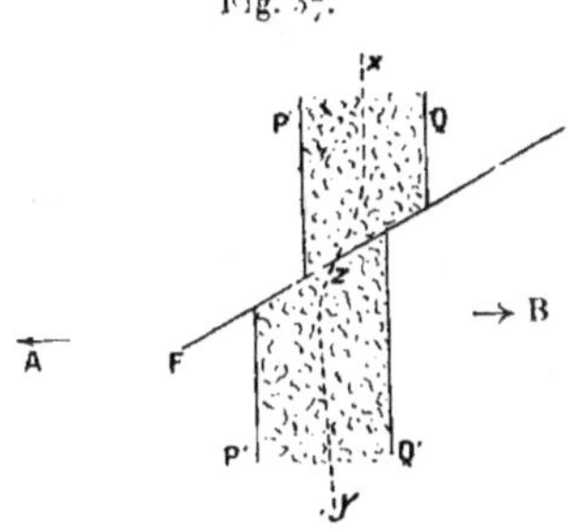

vement à l'aplomb de PQ. On conçoit que cette ligne suive sur une partie de sa longueur les sinuosités du banc, de sorte qu'elle subit elle-même en *z* le rejet de la faille F ([1]). Il suffit donc de noter l'emplacement de l'inflexion et l'amplitude du déplacement latéral pour résoudre le problème posé.

Expériences dans le bassin ferrifère du Calvados. — J'ai poursuivi en 1912, 1913 et 1914, dans le Calvados, une série d'expériences qui peuvent servir d'exemple pratique d'étude stratigraphique suivant les principes théoriques exposés ci-dessus. Les couches siluriennes étudiées comportent à la base l'assise très compacte et épaisse des Grès armoricains ; au-dessus les Schistes à calymènes qui contiennent le minerai de fer ([2]) et ont une épaisseur de 100^m environ ; puis, au-dessus encore, les étages des Grès de May et du silurien supérieur, qui se différencient des Grès armoricains par des alternances de

---

([1]) Il faut pour cela que le banc PQ soit suffisamment épais et que sa résistivité diffère notablement de celle des terrains ambiants.

([2]) Celui-ci, constitué par de l'hématite et du carbonate, n'a pas une conductibilité particulière, et je pense qu'il ne joue aucun rôle dans les expériences décrites.

schistes et grès. Ces couches siluriennes sont en général redressées
et recouvertes par du calcaire jurassique bien horizontal; le relief
du sol est peu accusé.

Expériences de Fierville-la-Campagne. — Ces expériences ont
porté sur une région à recouvrement relativement épais, où les
terrains anciens avaient été bien reconnus par une série de sondages.
Le silurien est très redressé (voisin de la verticale); le jurassique, qui
est assez argileux, ce qui est une condition défavorable (p. 28), a une
épaisseur de 60^m à 90^m.

La direction de la stratification a été étudiée par courbes équipotentielles. La figure 38 donne, dans sa partie supérieure, la coupe
des terrains telle qu'elle résulte de l'exécution de sept sondages
sensiblement alignés sur une direction perpendiculaire à la stratification. Dans la partie inférieure de la figure, on a représenté quelques
courbes équipotentielles tracées autour de trois prises de terre suc-
cessives A_1, A_2 et A_3, alors que l'autre prise de terre B restait à une
position fixe, située à environ 3^{km} de la région explorée. Ces courbes
donnent lieu aux observations suivantes.

La prise de terre A_1 est placée au-dessus des grès feldspathiques
du silurien inférieur. Les courbes C_1 et C'_1, auxquelles elle donne
naissance et qui ont des rayons d'environ 250^m et 500^m, sont approximativement circulaires ([1]). On en conclut que la roche doit constituer
un massif sensiblement isotrope, donc peu fissuré suivant la stratification, sans alternances de couches de constitutions très diverses.

La prise de terre A_2 a été placée près du sondage ayant recoupé
les Schistes à calymènes et le minerai de fer. La courbe C_2 de 100^m
de rayon est très sensiblement circulaire, parce que la surface équipotentielle correspondante ne mord pas suffisamment dans le silurien
et n'est que sous l'influence des morts-terrains horizontaux. La
courbe C'_2 commence à manifester une légère ellipsité, mais celle-ci
n'est franchement accusée que pour C''_2, avec un rayon moyen
de 400^m, c'est-à-dire très supérieur à l'épaisseur du jurassique qui
est de l'ordre de 100^m. La courbe C'''_2 présente la même déformation.

([1]) Les croix marquées sur les courbes figurent les points déterminés sur le
terrain, puis relevés topographiquement et enfin joints dans le dessin par un
trait continu.

Sa longueur est de plus de 3^{km}, 5. Nous avons donc affaire à un terrain anisotrope, dont la conductibilité maximum (c'est-à-dire le sens de la

Fig. 38.

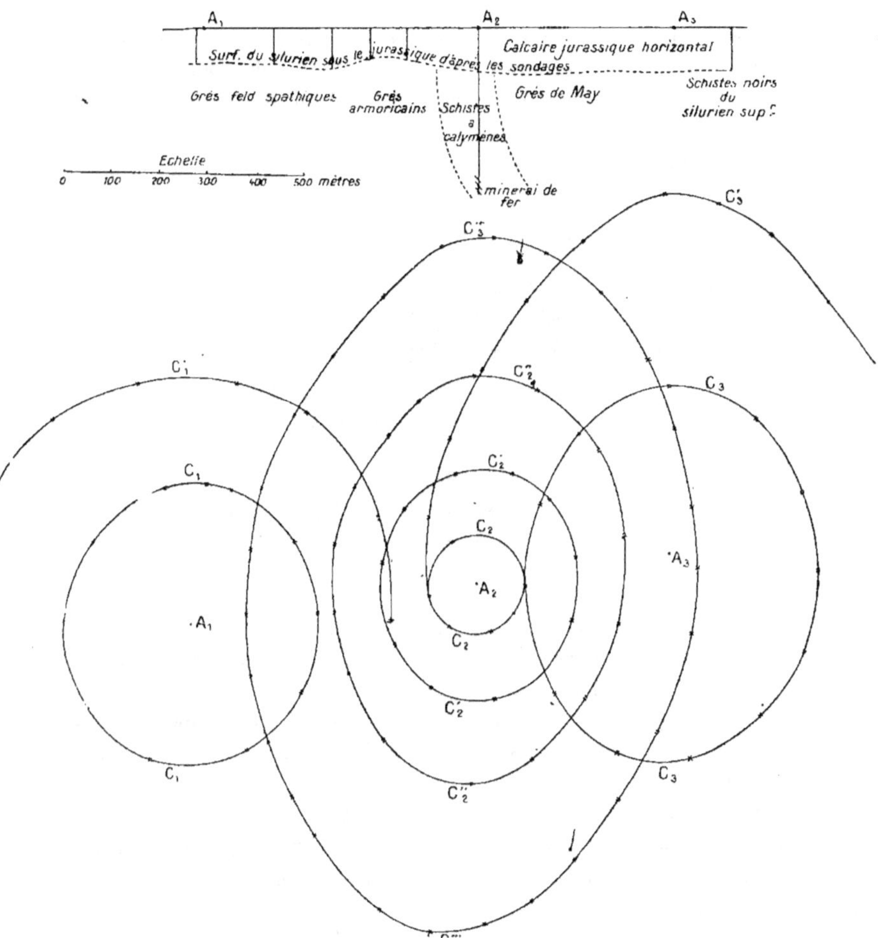

stratification) est parallèle au grand axe des ellipses équipotentielles.

La prise de terre A_3, au-dessus du silurien supérieur, donne encore des courbes équipotentielles C_3 et C'_3 très nettement allongées, d'où la conclusion d'un terrain stratifié constitué par des bancs de composition différente (schistes, grès).

Ces diverses inductions sont conformes à ce que les sondages ont établi. La direction générale de la stratification du silurien coïncide notamment très exactement avec la direction de l'allongement des courbes.

Le contact des Schistes à calymènes et des Grès armoricains,

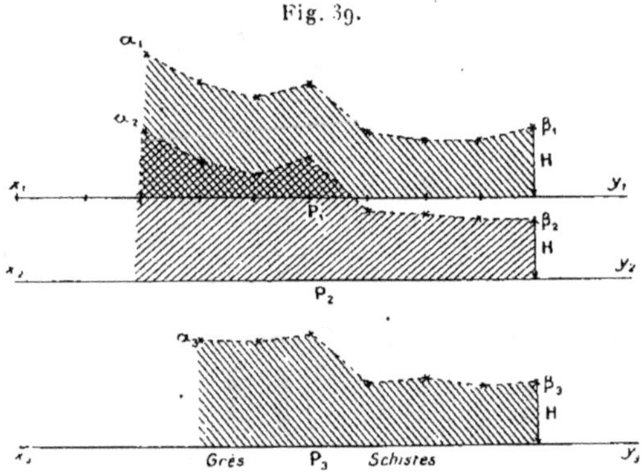

qui constitue un horizon géologique très bien défini, voisin des couches de minerai de fer, a été recherché par réfraction des courbes et par profil du champ électrique.

La réfraction des courbes était visible sur le terrain, mais elle était peu nette et aurait pu échapper à l'observation, si le résultat n'avait pas été connu d'avance.

Les profils de champ ont donné des indications plus satisfaisantes. Ils sont représentés figure 39. Les deux prises de terre A et B ayant été disposées de part et d'autre du contact recherché et à une distance de 1^{km} de celui-ci, on a relevé les profils sur trois alignements $x_1 y_1$, $x_2 y_2$ et $x_3 y_3$ parallèles à la direction AB. Dans chacun de ces profils, le champ présente une discontinuité marquée en un point P_1, P_2 ou P_3 correspondant sensiblement au contact cherché. Les Grès armoricains, de résistivité plus grande que les schistes, se traduisent par un relèvement brusque du champ, c'est-à-dire de la chute ohmique par mètre (¹).

Il est intéressant de noter la rapidité avec laquelle ces profils ont pu être établis. Avec un personnel de deux opérateurs, deux aides et un chauffeur, il a suffi de 6 heures et demie pour placer la ligne AB, faire passer le courant et tracer les trois profils, qui déterminent le contact cherché, à 5o^m près, en trois points différents. L'expérience au point considéré présentait un intérêt particulier, car il n'a pas fallu moins de sept sondages répartis sur un alignement de 1100^m pour recouper les Schistes à calymènes et avec eux les couches de minerai de fer. Cette incertitude s'explique par la grande difficulté de distinguer sur carottes de sondage les Grès de May, qui sont au-dessus des schistes, des Grès armoricains situés au-dessous d'eux.

Expériences de Soumont. — La région étudiée à Soumont en 1913 est sur le prolongement d'une mine exploitant le minerai de fer silurien et dont les travaux venaient à cette époque buter vers l'Ouest contre une faille F (*fig.* 4o). L'objectif recherché était d'explorer la zone au delà de la faille et de voir dans quelle mesure les travaux souterrains, après passage de cet accident, vérifieraient les pronostics donnés par la prospection électrique.

Le jurassique de recouvrement a une épaisseur variant de 25^m à

(¹) Je pense que ces variations du champ électrique sont dues pour une partie importante à la résistivité propre des terrains siluriens, les grès compacts étant plus résistants que les schistes ou les étages gréso-schisteux. Toutefois, il est certain que les changements d'épaisseur des morts-terrains, plus conducteurs que le silurien, jouent aussi un rôle. On remarque notamment que les grès armoricains, durs et compacts, font presque toujours saillie dans le jurassique, ce qui accentue leur résistance apparente. Par exemple, l'épaisseur de recouvrement trouvée par les sondages n'était que de 60^m sur les grès armoricains, alors qu'elle atteignait 90^m sur les schistes. Les deux causes sont donc vraisemblablement concordantes dans le cas présent. Elles doivent l'être très généralement, car la dureté des roches, qui s'oppose à l'érosion, coïncide avec une grande compacité et par suite une résistivité élevée. Au point de vue des applications pratiques, la seule possibilité de retrouver sous les recouvrements modernes le relief des terrains anciens pourrait rendre des services.

Les profils de champ ont été relevés en utilisant une ligne volante de 5o^m et en mesurant le nombre de millivolts que présentait le sol entre les deux extrémités de cette ligne. L'intensité du courant entre les deux prises de terre A et B, distantes de 2^{km}, s'élevait à 4 ampères.

Fig. 40

R'
R"
R'"
R
Echelle
0   100   200   300   400   500 M.
α₂
β₂
x₂
ρ₂
y₂
α₁
β₁
x₁
ρ₁
y₁
A₃
C₃
C₁
A₁
D'
P
A₂
Q
T'
C₂
F
C'₂
30
P
Q
T
D
Nord
Coupe
des terrains
Jurassique
P   30
Q
T
Grès
armoricain
Schistes à
calymènes
Minéral
Grès et
schistes
Grès de
May

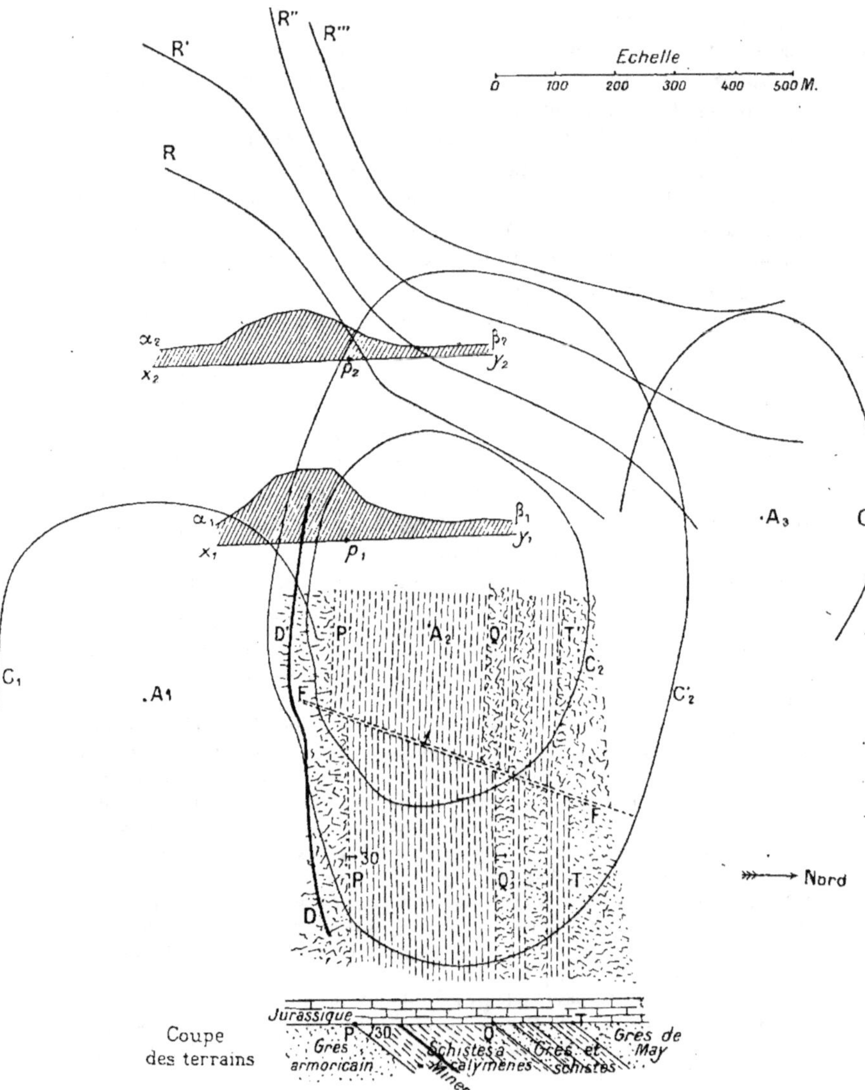

40^m ; il est en général peu aquifère ([1]), peu argileux, donc peu conducteur, ce qui est un avantage, son effet de masque devant s'en trouver atténué. Sous le calcaire, le silurien présente un pendage de 30 degrés seulement, condition assez défavorable à la détermination des contacts (p. 46). Les assises des Grès armoricains, des Schistes à calymènes $P - Q$, des couches gréso-schisteuses $Q - T$, et des Grès de May se superposent comme l'indique la coupe des terrains. Les affleurements correspondants sous le jurassique sont tracés en pointillé de part et d'autre de la faille, dans la zone actuellement connue par les travaux d'exploitation.

La carte des potentiels donne lieu à une série d'observations.

La prise de terre B étant maintenue très éloignée (2^{km}, 500 vers le Sud), on a tracé des courbes équipotentielles autour de trois centres A_1, A_2, A_3 placés respectivement sur le Grès armoricain, sur les Schistes à calymènes, sur le Grès de May. La courbe C_1 autour de A_1 a une allure sensiblement circulaire, ce qui montre l'isotropie de la roche, donc absence soit de fissures aquifères suivant la stratification, soit d'alternances de couches différenciées. Les courbes C_2 et C_2' autour de A_2 s'allongent parallèlement à la stratification, ceci d'autant mieux que leur diamètre est plus grand. La courbe C_3 autour de A_3 a la forme elliptique d'un terrain stratifié anisotrope. D'autres courbes non figurées ont confirmé ces constatations, qui sont analogues à celles faites à Fierville-la-Campagne.

La courbe C_2' présente un décentrement très net, la branche sud (gauche de la figure) étant plus rapprochée du centre A_2 que la branche nord. On pourrait être tenté d'en déduire le sens du pendage (p. 44), qui est effectivement vers le Nord, comme le voudrait le sens du décentrement. Cette conclusion, toutefois, est infirmée par d'autres courbes (par exemple par C_3). En réalité, on se trouve en présence d'une déformation locale produite par le banc des Grès armoricains.

La courbe C_2' a une vague allure rectangulaire, avec un coude brusque particulièrement visible vers le Sud-Est. Ce coude est un phénomène de réfraction à la traversée du contact P des Grès armoricains et des schistes. La courbe se couche sur le contact dans le milieu

---

([1]) Sauf à l'ouest de la faille, où d'ailleurs il est plus épais.

résistant (Grès armoricains) et traverse normalement le milieu conducteur (schistes) (p. 22).

Le même phénomène a été étudié méthodiquement plus à l'Ouest,
au moyen d'une série de courbes R, R', R'', R''' conduites obliquement
à travers le contact, suivant la méthode exposée page 47. Les deux
prises de terre, distantes de 1600^m, étaient placées de part et d'autre
du contact. La réfraction est très visible : inflexion au contact, traversée oblique du banc résistant, traversée normale du banc conducteur. La courbe R', qui se ferme vers le Sud-Est, présente particulièrement bien la déformation en S. La réfraction localise ainsi approximativement [1] le contact P' des grès et schistes à l'ouest de la faille. Bien
que la position réelle de ce contact ne soit pas encore exactement
connue, les travaux actuels montrent que la détermination est sensiblement juste [2].

Le même contact a enfin été étudié par profils de champ, tracés
suivant les alignements $x_1 y_1$ et $x_2 y_2$, avec des prises de terre situées
l'une au Nord, l'autre au Sud. Ces profils sont figurés en hachures
suivant $\alpha_1 \beta_1$ et $\alpha_2 \beta_2$ [3]. Ils montrent une augmentation très nette
du champ au passage des Grès armoricains (page 46). On en déduit
que le contact doit se trouver vers p_1 et p_2, et ceci cadre convenablement avec les autres données de la carte et avec les constatations
souterraines.

L'amplitude du rejet de la faille dans le sens horizontal a été évaluée
par la méthode décrite page 48. On a tracé à cet effet la courbe DD',
qui est constituée par deux alignements D et D', décalés l'un par rapport à l'autre de 50^m environ, ce qui doit correspondre à l'importance
du rejet horizontal. Le passage de la faille, effectué quelques mois
après les expériences de prospection électrique, a très exactement
vérifié cette conclusion. La courbe C_2' manifeste une déformation

---

[1] Ne pas oublier qu'avec une inclinaison de 30° des couches le contact est
essentiellement mal défini en projection horizontale.

[2] Il y a lieu de noter que le contact Schistes-Grès de May, que j'ai d'ailleurs
peu étudié, ne se traduit pas par des phénomènes nets. Cela tient à la présence
d'un étage gréso-schisteux, formant transition entre les deux roches. D'autre
part, les Grès de May sont quelque peu schisteux.

[3] Distance des prises de terre, 1800^m; intensité, 4 ampères; échelle adoptée
pour les ordonnées des profils, 100^m (à l'échelle du dessin) pour 80 millivolts de
chute de potentiel par 50^m de ligne.

tout à fait analogue à celle de DD'. On remarquera que les points
d'inflexion sont un peu au sud de l'emplacement indiqué pour la faille.
Ceci provient, semble-t-il, de la non-verticalité de la faille, qui a un
pendage vers l'Ouest et dont la trace à la profondeur des travaux se
trouve ainsi déportée vers l'Ouest par rapport à la trace au jour.

Ces raisonnements schématiques ont un point faible déjà signalé.
Ils portent uniquement sur le silurien et laissent de côté les morts-
terrains supposés parfaitement réguliers, donc sans action autre que
l'atténuation des phénomènes. Or cette hypothèse est peut-être assez
inexacte, et l'on pourrait soutenir avec quelque paradoxe que ce sont
ces seules variations d'épaisseur qui provoquent les diverses perturbations des courbes équipotentielles.

Conclusions. — Les expériences faites dans le Calvados montrent
une voie dans laquelle la prospection électrique paraît pouvoir rendre
des services, pour des terrains ne contenant pas de minerais conducteurs. Elle n'est applicable que si la stratification est redressée et ses
indications seront d'autant plus nettes que les couches seront plus
verticales. Ceci est une qualité, puisque c'est justement dans ce cas
que les sondages doivent être placés avec le plus de précision. Il faut
retenir : 1º la facilité avec laquelle se détermine la direction moyenne
de la stratification sur de vastes espaces; 2º la possibilité de suivre de
proche en proche un horizon géologique connu et convenablement
choisi.

Il se peut que la régularité du silurien normand, l'épaisseur considérable des bancs, la nature des morts-terrains constituent des
circonstances particulièrement favorables. Je pense qu'elles ne sont
pas isolées. On doit trouver d'autres cas analogues, avec faibles
recouvrements, où de telles expériences permettront d'orienter rapidement une campagne de sondage (¹).

(¹) J'ai étudié en 1914, dans l'Orne, un problème analogue. Mais aucun sondage
n'a encore été entrepris pour vérifier les pronostics donnés par la prospection
électrique.

CHAPITRE VI.

ÉTUDE DE LA FORME D'UN AMAS CONDUCTEUR [1].

Principe. — Supposons que l'on connaisse par affleurement ou par un travail de recherche quelconque, puits, galerie ou sondage, un point d'un amas d'un minerai conducteur. Ce sera, par exemple, une lentille Z de pyrite [1] touchée par un sondage S en un point A, comme l'indique la figure 41, avec coupe et plan. Pour déterminer la

Fig. 41.

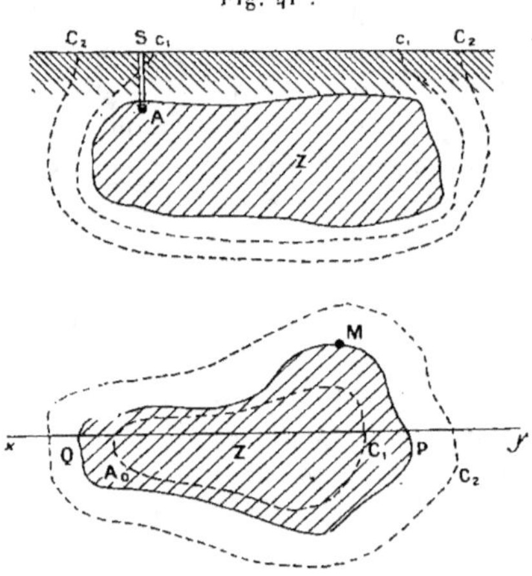

forme approximative du gisement, on procède ainsi : la prise de terre B étant placée au loin en un endroit quelconque, le minerai

[1] Je laisse ici de côté les études avec prises de terre *extérieures* au gisement, que l'on exécute suivant les principes exposés dans les généralités, à propos des perturbations produites à la carte des potentiels par une masse conductrice (p. 20).

[2] Ou encore un amas de magnétite, de pyrolusite, etc.

en A est choisi comme seconde prise de terre et l'on trace à la surface du sol, au-dessus de A, une série de courbes équipotentielles [1].
A cause de sa conductibilité très supérieure à celle du terrain ambiant,
l'amas est sensiblement au même potentiel dans toute sa masse.
Les surfaces équipotentielles l'enveloppent donc assez exactement,
comme l'indique la figure en coupe, et elles affleurent au jour suivant
des courbes équipotentielles C_1, C_2 centrées sur le gisement [2] et
qui épousent plus ou moins sa forme.

Pour déterminer laquelle de ces courbes équipotentielles concen-

Fig. 42.

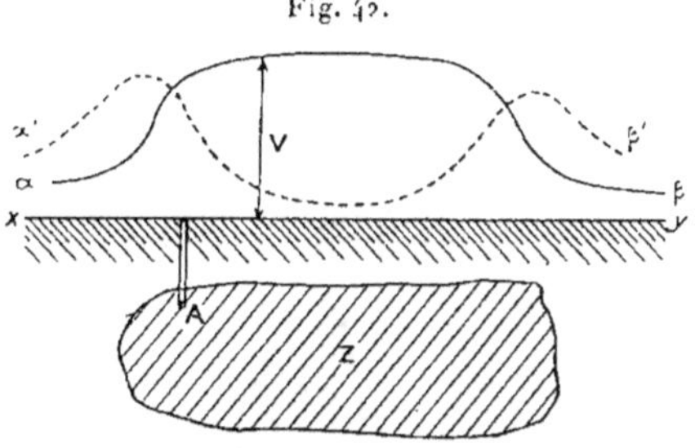

triques correspond effectivement au contour apparent horizontal
de l'amas, il y a lieu de distinguer deux cas. Si l'on connaît par
des travaux antérieurs la limite horizontale du gisement en un
point M, on choisira comme contour apparent une courbe C_2 passant
à peu près à l'aplomb de M, en admettant qu'elle enveloppe le
gisement à une distance à peu près constante [3]. Si rien n'est encore
connu, on fera des mesures de potentiel au-dessus de l'amas. On
dressera par exemple le profil des potentiels le long d'un alignement xy recoupant diamétralement les courbes. Comme cela est
représenté sur la figure 42, où l'on a porté en ordonnées à partir du
niveau du sol la valeur V des potentiels, on obtient ainsi un profil tel

---

[1] S'il y a des travaux souterrains, on pourra également faire à l'intérieur des
observations qui permettront de préciser la forme des surfaces équipotentielles
dans le sol.

[2] Le centre est en principe le point où le gisement se rapproche le plus de la
surface du sol.

[3] La courbe tendant à se centrer sur la prise de terre A s'écartera plus du
gisement en Q, dans le voisinage de A, qu'en P dans la région opposée.

que $\alpha\beta$. L'amas Z étant sensiblement équipotentiel correspond dans le profil à un palier, qui est terminé par deux zones où le potentiel tombe rapidement, à cause de la chute ohmique considérable que le passage du courant produit dans le terrain ambiant peu conducteur. On prendra comme limite du gisement ces zones à brusque chute de potentiel ([1]).

Nous avons envisagé le cas le plus simple, celui où la masse Z est à peu près horizontale et bien nettement limitée par des côtés verticaux. En général, les amas ont un pendage plus ou moins accusé, se terminent en biseaux effilés et n'ont pas à proprement parler un

Fig. 43.

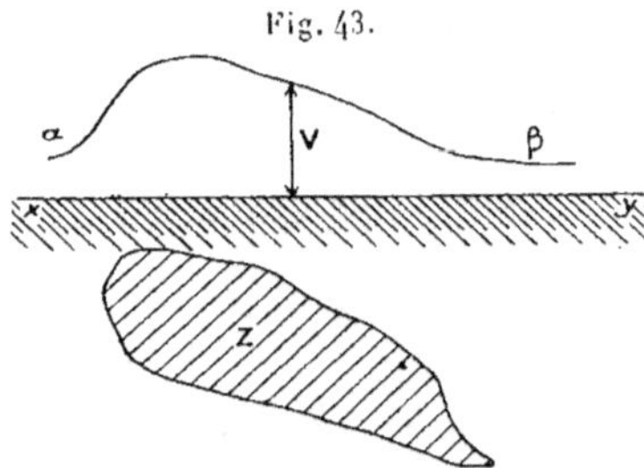

contour apparent horizontal parfaitement défini. La carte des potentiels sera alors d'une interprétation plus douteuse. Prenons le cas simple d'une lentille Z présentant un pendage (*fig.* 43). Le profil des potentiels présentera une allure dissymétrique. Il sera plus abrupt en x que du côté y du pendage; les courbes équipotentielles seront ainsi plus serrées en x qu'en y. Évidemment, on ne pourra guère en pratique préciser la limite du gisement vers l'aval-pendage.

Les difficultés d'ordre pratique proviennent :

1° du relief du sol, qui peut entraîner de très notables perturbations ;

2° du manque d'homogénéité du sol ;

3° d'accidents dans l'amas tels que des failles, dykes quartzeux, etc. qui interrompent la conductibilité électrique, bien que la continuité du gisement au point de vue minier reste entière.

([1]) Dans la pratique, on ne trace pas un profil de potentiel, mais plutôt un profil, de champ H (ou chute de potentiel par mètre). On obtient une courbe $\alpha'\beta'$ dont les deux maxima caractérisent la limite du gisement.

Expériences de Bor (Serbie). — Pour vérifier ces diverses conclusions théoriques, j'ai fait des essais en septembre 1913 sur l'amas de pyrite cuivreuse de Bor.

Le minerai est très spécial. Le cuivre se trouve en majorité sous forme de covelline, avec un peu d'énargite. Il n'y a pas de chalcopyrite, environ 45 pour 100 de pyrite et 40 pour 100 de silice. L'amas est situé dans une large veine d'andésite; il a en plan, d'après les données actuelles des recherches, une forme grossièrement elliptique (200^m de longueur et 100^m de largeur) et plonge vers le Sud-Est, sans que l'aval-pendage soit exploré. Le recouvrement, constitué par un chapeau quartzeux, est très irrégulier à cause des travaux de découverte qui y sont effectués. Son épaisseur est d'une cinquantaine de mètres, au point où les terres n'ont pas encore été enlevées.

Conductibilité de l'amas. — J'ai vérifié que l'amas se comporte comme un corps conducteur enfoui dans une masse ambiante peu conductrice, en opérant par les deux méthodes suivantes.

La prise de terre A étant faite dans la masse minéralisée Z (voir *fig.* 44 qui n'a qu'un caractère schématique) et l'autre prise B située

Fig. 44.

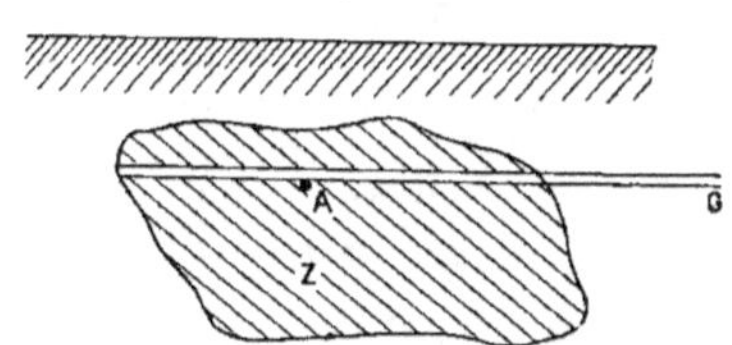

à grande distance, je me suis assuré par des mesures de potentiel faites le long d'une galerie G que tout l'amas était sensiblement équipotentiel. Sauf dans le voisinage immédiat (à quelques mètres) de A, la chute ohmique de potentiel sur une longueur de 50^m était inférieure à 1 millivolt, bien que le courant débité fût d'une dizaine d'ampères. Dès que l'on se plaçait dans le terrain encaissant, la chute ohmique était de l'ordre d'une centaine de millivolts par mètre, ce qui montre que la résistivité de la roche était *au moins* 5000 fois plus grande que celle du minerai, avec sa composition moyenne dans l'amas (¹). Toutefois aucune mesure précise n'a été faite permettant de fixer une limite supérieure pour ce chiffre.

Le second procédé employé a consisté à tracer des courbes équipotentielles à la surface au-dessus du gisement et à vérifier que ces courbes restaient invariables, quand on déplaçait la prise à l'intérieur de l'amas conducteur. C'est ce que supposent implicitement les raisonnements faits précédemment (p. 57). La méthode est évidemment très sensible, à cause de la précision du tracé des courbes équipotentielles. Elle a l'inconvénient de ne pas aboutir à une évaluation quantitative du rapport des résistivités du minerai et de la roche.

La figure 46 indique les résultats obtenus en plaçant la prise successivement en A_1 et en A_2 et en traçant avec ces deux positions deux courbes C_1 et C_2 avec un point de départ commun O. Les courbes C_1 et C_2 ne sont que très légèrement différentes (²). Encore faut-il ajouter :

1° qu'entre les prises A_1 et A_2 se trouve une région pauvre, donc relativement moins conductrice ;

2° que le point origine O a été pris dans une région à courbes équi-

---

(¹) Pour avoir d'une manière précise le rapport des résistivités ρ et ρ' du minerai (composition moyenne) et de la roche, il faut établir un profil du champ électrique 2 3 le long d'une galerie rectiligne G, recoupant la lentille. Le champ qui a une valeur sensiblement uniforme, soit au minerai, soit au stérile, passe brusquement d'une valeur à l'autre à la traversée du contact, comme le représente la

Fig. 45.

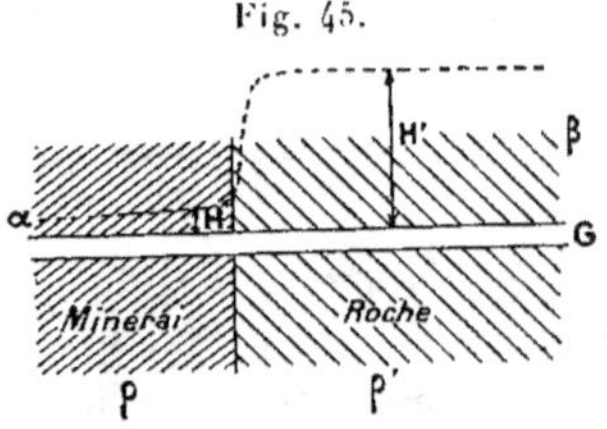

courbe en pointillé de la figure 45. Or, la densité du courant étant sensiblement uniforme dans toute la région, le champ est proportionnel à la résistivité. Le rapport des résistivités est donc égal au rapport des deux valeurs du champ de part et d'autre du contact $\dfrac{\rho}{\rho'} = \dfrac{H}{H'}$.

(²) Pour se rendre compte de la déformation qu'entraîne pour une courbe d'origine fixe O le déplacement de la prise de A_1 en A_2 lorsque le terrain est

potentielles serrées et que l'invariabilité de forme de la courbe eût été bien mieux assurée, si l'on avait choisi le point de départ là où la chute de potentiel était moins rapide.

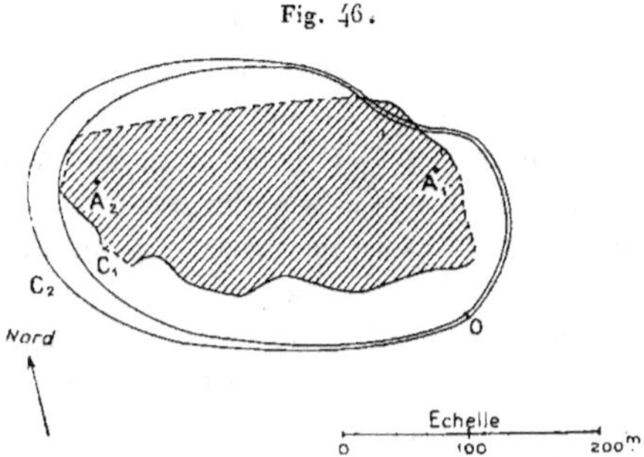

Fig. 46.

En résumé, la lentille de Bor se comporte comme un ensemble dont la conductibilité est extrêmement grande vis-à-vis de celle de la roche ambiante.

On peut faire une objection à propos de cette constatation. La lentille, bien qu'à peine exploitée à l'étage où étaient établies les prises, est néanmoins percée de galeries qui ont provoqué un léger suintement à travers les fissures. Cette eau est chargée de sulfate de cuivre et il n'est pas certain qu'il n'y ait pas de ce fait une augmentation

homogène, il suffit d'envisager la portion d'arc diamétralement opposée à O (*fig.* 47). Cet arc subit une translation $M_1 M_2$ qui est double de $A_1 A_2$. Dans le

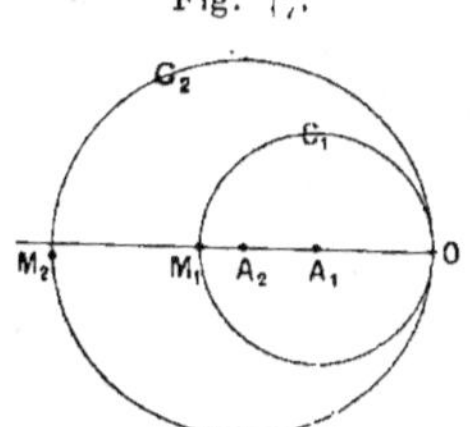

Fig. 47.

cas de la lentille de Bor, la déformation a une amplitude 50 fois moindre que celle que l'on aurait eue en terrain homogène.

notable de la conductibilité. Je ne le pense pas vu la faible importance des infiltrations, mais seule une expérience sur un gisement
entièrement vierge serait à l'abri de cette critique ([1]).

Forme de la lentille. — La zone hachurée de la figure 46 indique
la section de la lentille par le plan horizontal contenant les deux
prises de terre ; la limite en ponctué correspond aux régions extrêmes
reconnues (en septembre 1913) et encore au minerai ; la limite en
trait plein donne le contact avec la roche encaissante. Il semble que
la limite en ponctué ne s'écarte pas beaucoup du stérile d'après les
reconnaissances faites à d'autres étages.

Comme on le voit, les courbes donnent avec une approximation
raisonnable la forme du gisement. Il ne faut pas s'étonner des quelques écarts. Ils tiennent, en premier lieu, au fait que le gisement n'est
pas un solide cylindrique à bords verticaux, avec un contour apparent
horizontal rigoureusement défini ; la limite Sud du minerai à un étage
inférieur à celui considéré déborde notamment un peu le contour
dessiné. En second lieu, le terrain est très accidenté. Les prises de
terre A_1 et A_2 sont situées à environ 70^m au-dessous du niveau du sol,
qui présente lui-même des différences d'altitude de 50^m entre les
bordures Est et Ouest. On peut même s'étonner que, dans ces conditions, on obtienne une représentation assez fidèle du contour
apparent en projection horizontale.

Conclusions. — En résumé, il semble résulter de ces expériences
que l'on peut aisément (en un ou deux jours) connaître approximativement la forme d'un amas conducteur dont on a touché un point,
en déterminant les courbes équipotentielles autour de ce point choisi
comme prise de terre. Ces conclusions seraient toutefois infirmées
s'il était établi, soit que la forme réelle du gisement de Bor m'a
échappé, soit que cet amas constitue, par la nature de son minerai et

---

([1]) La présence des rails dans les galeries ne joue pas un rôle notable dans la
répartition du courant, du moins si la prise de terre n'est pas placée très près d'un
rail. Une discussion théorique permettrait de le démontrer et l'expérience le
vérifie aisément. On constate notamment que le potentiel du sol ne varie pas
appréciablement lorsqu'on s'approche d'un point quelconque du réseau ferré,
ce qui ne serait pas le cas si ce réseau était le siège d'un courant important

celle de la roche encaissante, un cas exceptionnellement favorable que l'on ne retrouvera guère.

J'ajoute que les indications ainsi données ne concernent la forme du gisement que dans le sens horizontal et que la disposition verticale (profondeur des colonnes, emplacement de celles-ci) échappe complètement ou presque complètement, et c'est là une fort grave lacune.

CHAPITRE VII.

RÉPARTITION DU COURANT EN PROFONDEUR DANS LE SOL.

Principe. — Une des questions fondamentales qui se posent pour l'application des méthodes décrites ci-dessus est de savoir dans quelle mesure un sol, de composition géologique à peu près régulière, se comporte effectivement comme homogène au point de vue de sa conductibilité électrique.

Celle-ci n'est due qu'à l'eau d'imbibition. Il y a donc en principe trois niveaux à distinguer : d'abord une mince couche superficielle, sèche ou humide suivant la saison et le climat, donc à conductibilité très variable ; en dessous, une zone située vers le niveau hydrostatique et les régions riches en eau, donc régulièrement conductrice ; plus bas, la zone des roches profondes, peu fissurées, compactes et en général à résistivité électrique élevée, sauf au passage des grandes cassures aquifères.

En conséquence, le courant ne doit pas se répartir en profondeur suivant la loi du terrain homogène, mais plutôt se localiser vers la surface et y circuler comme dans une plaque conductrice. Tout dépend de l'épaisseur de cette plaque. Est-elle très mince, masquant alors complètement le sous-sol, ou a-t-elle une épaisseur suffisante pour comprendre les régions intéressantes à prospecter ? Selon toute vraisemblance, il y a de très larges différences entre les divers cas d'espèce, dont chacun doit être examiné à part.

Voici les deux procédés que j'ai appliqués pour aborder méthodiquement le problème de la répartition en profondeur.

Observations souterraines. — J'ai cherché la forme des surfaces équipotentielles à l'intérieur du sol en prenant un contact M dans une

galerie ou un puits et en déterminant son équipotentiel M′ au jour
(*fig.* 48). Dans tous les cas étudiés (¹), j'ai constaté que les surfaces

Fig. 48.

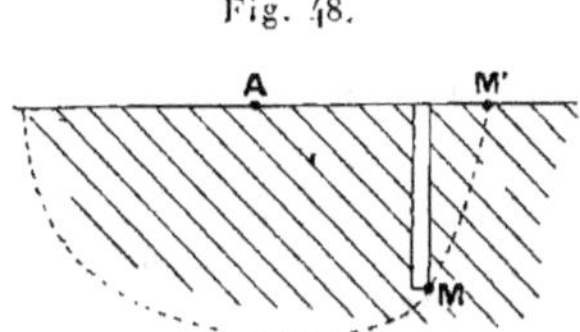

équipotentielles pénètrent à partir du jour très verticalement dans le
sol et sont sensiblement sphériques lorsqu'on ne s'écarte pas trop
de la prise A.

Ces observations sont favorables à l'hypothèse d'un sol assez
homogène en profondeur, ou, plus précisément, elles ne sont pas
opposées à cette hypothèse. Il ne faudrait pas en effet en tirer des
conclusions trop absolues. Un sol constitué par des couches horizon-

---

(¹) La figure 49 résume les observations faites à ce propos dans les mines de
charbon de Saint-Éloy. Le point M souterrain, dont on cherchait l'équipotentiel
M′ au jour, a été pris dans une galerie à 220^m de profondeur. La prise de terre A

Fig. 49.

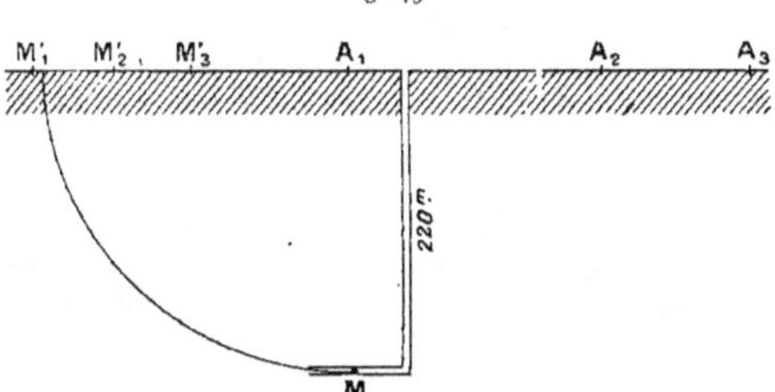

a occupé successivement trois positions : A₁, A₂, A₃, l'autre prise B restant très
éloignée. Pour A₁, situé exactement à 220^m au-dessus de M, on obtient un équipotentiel M′₁ à 225^m de A₁; la surface équipotentielle est donc probablement à peu
près sphérique comme cela est figuré, sans aucun aplatissement appréciable. Pour
A₂, les distances sont : A₂ M = 290^m; A₂ M′₂ = 350. On s'écarte donc de la sphère.
Pour A₃, on obtient : A₃ M = 360^m; A₃ M′₃ = 400, ce qui correspond à une
perturbation de même sens.

tales de plus en plus résistantes, à mesure que l'on s'enfonce, doit donner lieu ([1]) à des surfaces en forme de cuvettes aplaties, mais cette déformation n'est probablement pas très accentuée.

J'ajoute que l'on trace très aisément dans les galeries souterraines des profils de potentiel exactement comme au jour.

Profil du champ. — La méthode du profil du champ établi entre les deux prises de terre A et B paraît plus efficace. La figure 52 donne le profil du champ entre A et B :

1º dans le cas d'un conducteur homogène indéfini (courbe C_1);
2º dans le cas d'un conducteur en forme de plaque mince (courbe C_2).

Le champ minimum, au centre de AB, a été pris comme unité

([1]) Le raisonnement suivant, basé sur le phénomène de la réfraction des surfaces équipotentielles à la traversée du contact de deux milieux différents, permet de se rendre compte pourquoi la déformation s'opère dans le sens de l'aplatissement. En effet, lorsqu'une surface équipotentielle V passe d'un milieu (1) dans un milieu

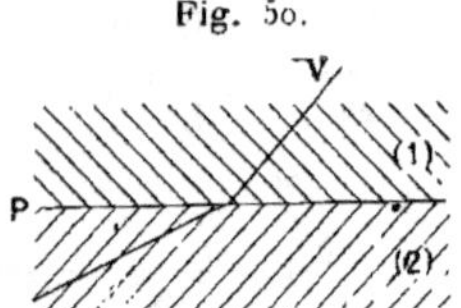

Fig. 5o.

moins conducteur (2) la réfraction qu'elle subit a pour effet de la plier vers le plan de séparation P, comme l'indique la figure 5o.

Une succession de couches (1), (2), (3), ..., de résistivités croissantes à mesure que l'on s'enfonce dans le sol, transformeront donc une surface sphérique du

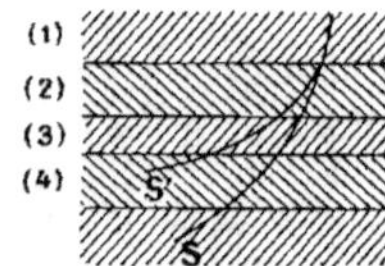

Fig. 5i.

terrain homogène telle que S en une surface en forme de cuvette aplatie telle que S (*fig.* 5i).

pour le tracé de l'une à l'autre courbe. Celles-ci sont très différentes [1]. Pour savoir dans un cas réel quelconque de quelle hypothèse on se rapproche, il suffit de déterminer le profil du champ, en

Fig. 52.

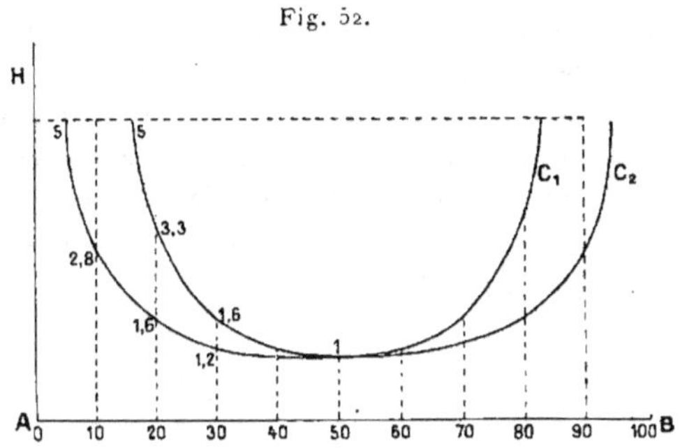

prenant toujours comme unité le champ au point milieu, et de voir si
la courbe obtenue a l'allure de C_1 ou de C_2.

Si les prises sont disposées de telle sorte que la distance AB soit
nettement inférieure à l'épaisseur de la couche des terrains conducteurs, le profil aura la forme de C_1; si, au contraire, AB est très
supérieur à cette épaisseur, le profil ne ressemblera à C_1 que dans
le voisinage de A et de B et, à partir d'un certain éloignement de
ces points, il suivra l'allure de C_2, avec naturellement une zone de
transition entre ces deux formes. L'endroit où se fait ce changement
d'allure doit être à une distance des prises qui est de l'ordre de
grandeur de l'épaisseur de la couche conductrice. Nous avons donc
ainsi un moyen de nous rendre compte si la propagation du courant
est profonde ou superficielle dans le sol et d'évaluer, dans ce dernier
cas, très grossièrement, l'épaisseur de la couche conductrice intéressée.

---

[1] Les équations de ces courbes sont

(C_1)
$$\frac{dV}{dn} = 1250 \left(\frac{1}{r^2} + \frac{1}{r'^2} \right)$$

(r = distance à A; r' = distance à B; $r + r' = AB = 100$);

(C_2)
$$\frac{dV}{dn} = \frac{2500}{rr'}.$$

Les expériences faites jusqu'ici dans cette voie sont insuffisantes et il y aurait lieu de les poursuivre.

Mesure de l'épaisseur d'une couche superficielle conductrice. — Comme complément des considérations précédentes et pour montrer à titre d'exemple combien variées peuvent être les applications, voyons comment on peut mesurer l'épaisseur h d'une couche conductrice, dans le cas simple où cette couche est homogène et repose sur un terrain isolant [1], ainsi que cela doit être sensiblement réalisé par des alluvions aquifères et régulières, disposées au-dessus d'une roche compacte (*fig.* 53).

Fig. 53.

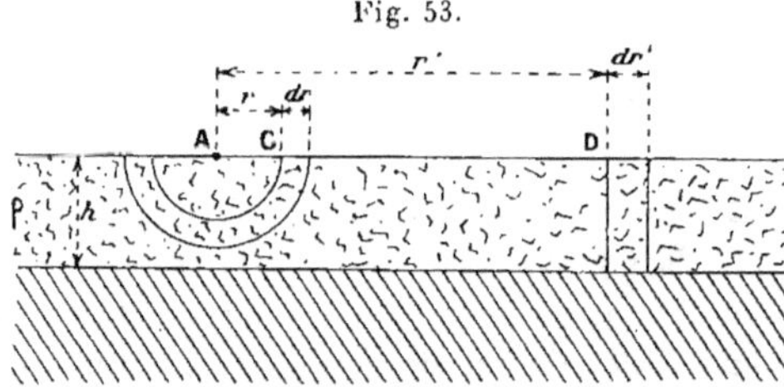

La prise B étant rejetée au loin, on fait deux mesures du champ électrique : l'une en C, à une distance de r de la prise A, faible vis-à-vis de l'épaisseur h de la couche; l'autre en D, à une distance r' de A, grande, rapport à h.

Dans le voisinage de A, les surfaces équipotentielles sont approximativement des sphères centrées sur A et la loi d'Ohm, appliquée entre deux sphères équipotentielles de rayons r et $r + dr$, donne

$$(1) \qquad \frac{dV}{dr} = \rho \, \frac{i}{2 \pi r^2},$$

où ρ désigne la résistivité de la couche conductrice et i l'intensité du courant débité.

Loin de A, les surfaces équipotentielles ont la forme de cylindres verticaux, dont l'axe passe par A. La même loi d'Ohm conduit pour la chute du potentiel dV' entre les cylindres de rayons r' et $r' + dr'$

---

[1] Comme toujours il ne s'agit que de questions relatives. La roche sous-jacente doit simplement être résistante par rapport à la couche superficielle.

à la formule

(2)
$$\frac{dV'}{dr'} = \rho\,\frac{i}{2\pi r'h}.$$

En divisant membre à membre (1) et (2) et en ordonnant on obtient finalement l'expression suivante (¹) pour la valeur de l'épaisseur cherchée :

$$h = \frac{\dfrac{dV}{dr}}{\dfrac{dV'}{dr'}}\,\frac{r^2}{r'}.$$

Je n'ai pas encore eu l'occasion de faire, au moyen de cette formule, de détermination pratique sur le terrain.

(¹) Si l'on effectue en C et D la mesure des chutes de potentiel ΔV et $\Delta V'$ non plus sur des distances très courtes, mais sur des longueurs un peu notables Δr et $\Delta r'$ la formule se complique et devient

$$h = \frac{\Delta V}{\Delta V'}\,\frac{r^2\left(1+\dfrac{\Delta r}{r}\right)}{\Delta r}\,\log.\ \text{nép.}\left(1+\frac{\Delta r'}{r'}\right).$$

CHAPITRE VIII.

Ce chapitre traite un sujet très différent de ceux exposés jusqu'ici. Il s'agit des différences de potentiel existant temporairement dans le sol à la suite du passage d'un courant électrique. La conductibilité plus ou moins grande des roches n'intervient plus dans les phénomènes étudiés qu'à titre accessoire.

Le but que je me suis proposé en abordant ces expériences était de localiser les gisements à conductibilité métallique, tels que les amas de pyrite, magnétite, pyrolusite ou galène, par l'observation des phénomènes d'électrolyse que provoque à leur surface le passage dans le sol d'un courant de sens constant.

En effet, un amas Z à conductibilité métallique enfoui dans le sol se comporte comme un morceau de métal plongeant dans l'eau. Si l'on débite entre deux prises de terre A et B un courant i de sens constant, comme l'indique la figure 54, ce courant décompose l'humi-

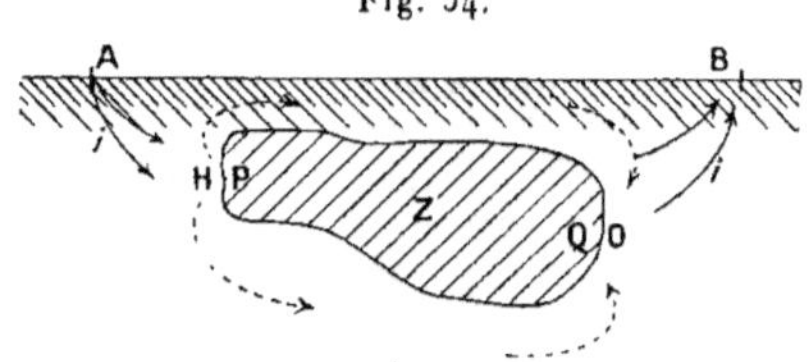

Fig. 54.

dité des roches encaissantes. Il produit un dépôt d'hydrogène sur toute la partie P de l'amas, où les filets de courant entrent dans le minerai, et un dépôt d'oxygène en tous les points de la région Q où ces filets sortent du minerai.

On provoque ainsi la polarisation du gisement, c'est-à-dire que celui-ci se transforme en une véritable pile secondaire. Lorsque l'on coupe le courant électrolyseur i, cet accumulateur se décharge à travers le sol (flèches en pointillé), P jouant le rôle de pôle positif et Q celui de pôle négatif. L'observation à la surface du sol des différences de potentiel dues au courant de décharge (1) doit permettre de localiser l'amas conducteur Z. L'ensemble du travail est fait avec les appareils habituels déjà décrits (ligne volante, munie d'électrodes impolarisables, d'un galvanomètre et d'un potentiomètre).

Disons de suite que je n'ai pas encore obtenu sur le terrain de résultats pratiques réellement satisfaisants, mais les difficultés auxquelles je me suis heurté m'ont, par contre, permis de faire deux observations présentant de l'intérêt.

La première, qui sera étudiée dans le chapitre suivant, c'est que tous les gisements pyriteux sont spontanément polarisés et se comportent en permanence comme de vastes piles, sans qu'il soit nécessaire de faire intervenir aucun courant électrolyseur. Ces forces électromotrices de polarisation spontanée cachent donc, dans le cas de la pyrite, les phénomènes de polarisation provoquée.

La deuxième observation consiste dans le fait suivant. Lorsque l'on

Fig. 55.

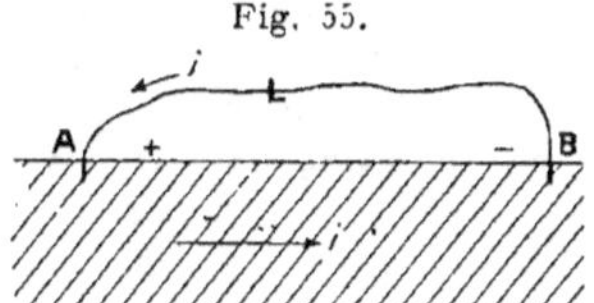

fait passer dans un sol quelconque, entre deux prises de terre A et B (*fig.* 55), un courant i dans le sens de A vers B, on constate qu'après suppression du courant i par coupure de la ligne L, il subsiste pendant un certain temps dans le sol des différences de potentiel résiduelles, les *environs* de A restant positifs par rapport à ceux de B, tout comme si la ligne L continuait à débiter un peu de courant dans le sens primitif. Ces différences de potentiel résiduelles ne dépassent pas une fraction de volt. Elles disparaissent progressivement d'elles-mêmes,

---

(1) Ces différences de potentiel doivent être faibles. En effet, la force électromotrice totale de la pile ne saurait dépasser 1,5 volt et une fraction seulement doit en être perceptible à la surface du sol sous forme de chute ohmique du courant de décharge.

d'autant plus vite que le courant i a été moins prolongé. Les mêmes apparences s'observent en opérant avec de l'eau pure à la place d'un sol humide, pourvu que des courants de convection ne viennent pas mélanger les diverses fractions du liquide.

Ces phénomènes ne consistent pas dans la polarisation de *surface* qui prend naissance au contact des piquets métalliques des prises de terre et du sol humide (^{1}), mais bien dans une polarisation de *volume* intéressant toute la masse de l'électrolyte autour des prises de terre. Il n'y a pas simple diffusion dans le sol de l'oxygène et de l'hydrogène dégagés contre les piquets métalliques, parce que le phénomène s'établit instantanément à grande distance; mais les apparences sont analogues à celles que donnerait une pile à gaz ainsi formée. On semble être en présence d'un transport d'ions créant une dissymétrie entre les deux régions entourant les électrodes A et B. L'action résiduelle est d'autant plus intense et plus prolongée que le courant qui l'a provoquée a été plus fort et a duré plus longtemps, ce qui paraît impliquer un phénomène électrolytique.

(^{1}) Cette polarisation des piquets se traduit ainsi : lorsque, sans couper la ligne L, on supprime la génératrice qui entretenait le courant i, il s'établit dans la ligne un courant i' de sens inverse à i. Ce courant i' de décharge produit dans le sol des différences de potentiel par effet ohmique, les environs de A paraissant *négatifs* par rapport à ceux de B, ce qui est juste l'inverse du phénomène étudié.

CHAPITRE IX.

POLARISATION SPONTANÉE.

Généralités. — En étudiant en 1913 la lentille de pyrite de Sain-Bel, j'ai constaté que dans son voisinage le sol présente spontanément des différences de potentiel très facilement mesurables [1]. Cette obser-

---

[1] J'ai recherché depuis lors les constatations qu'avaient pu faire à ce sujet d'autres observateurs. Les premières études sur les phénomènes électriques dans les gisements métalliques ont été conduites de 1830 à 1843 par R.-W. Fox dans les filons de Cornouailles, avec la technique tout à fait rudimentaire connue à cette époque [*voir* notamment : HENWOOD, *Sur les courants électriques observés dans les filons de Cornouailles (Annales des Mines*, 3ᵉ série, vol. 11, année 1837, p. 585); REICH, *Notiz über elektrische Ströme auf Erzgängen (Annales de Poggendorff*, vol. 48, année 1839, p. 287)]. Puis il faut faire une place à part aux observations très intéressantes, recueillies en 1880 par Carl Barus au Comstocklode et à la mine Eureka et qui auraient pu conduire leur auteur à des résultats importants, si celui-ci ne s'était pas heurté aux difficultés d'emploi d'appareils encore peu perfectionnés. Enfin de nombreux savants ont étudié en laboratoire la polarisation des divers minéraux au contact d'électrolytes variés. Parmi les travaux de cette nature, le dernier en date et le plus remarquable est celui de M. R.-C. WELLS : *Electric Activity in ore deposits, U. S. Geological Survey*, Bulletin 548, année 1914. Cet Ouvrage contient des renseignements bibliographiques détaillés sur les publications antérieures.

Pour résumer l'état de la question en 1914, je citerai le dernier paragraphe de la Préface, écrite par M. George Otis Smith, directeur du *Geological Survey*, pour l'Ouvrage de M. R.-C. WELLS : « Il faut faire ressortir avec force que les résultats obtenus jusqu'ici ne fournissent aucune base convenable pour une méthode quelconque de prospection électrique, ni aucune promesse pour le développement d'une telle méthode qui déduirait la présence d'un gisement de la mesure certaine d'une activité électrique. Néanmoins, les résultats contenus dans le présent Ouvrage ont vraisemblablement de la valeur dans le champ plus vaste des recherches sur les minerais, car même de faibles courants peuvent exercer une action directrice dans la formation des gisements et les conditions chimiques peuvent même de loin être un facteur déterminant pour les associations des minéraux. »

vation a été confirmée depuis pour les gisements pyriteux par toute une série d'études ([1]) au cours desquelles aucune exception n'a été rencontrée. Le fait peut donc être considéré comme absolument général en ce qui concerne la pyrite et toute la classe des minerais pyriteux.

Pour les filons de galène, on constate des différences de potentiel lorsque le minerai contient de la pyrite (cas de Villemagne, dans le Gard); mais il semble que le phénomène n'existe pas ou du moins soit trop faible pour être d'une observation certaine, quand la pyrite fait tout à fait défaut, ainsi que cela est le cas pour les filons du district de Penarroya (mines de Villanueva del Duque).

Je crois que le mispickel doit être actif, mais je n'ai pas eu l'occasion de faire sur le terrain d'observation concluante à ce sujet. La magnétite et la pyrolusite ne donnent rien ([2]) et il en est de même des minerais non conducteurs (blende, carbonates, etc.). Le fer enfoui dans le sol (tuyaux, rails) provoque par contre un phénomène analogue à celui de la pyrite ([3]).

Il résulte de cette simple énumération que l'oxydation et la conductibilité métallique du minerai paraissent deux facteurs essentiels de la « polarisation spontanée ».

Description des phénomènes observés. — Voici comment les choses se présentent avec une grosse lentille de pyrite comme celle de Sain-Bel, de Bor ou d'Andalousie.

Lorsqu'on tâte le sol avec une ligne volante, contenant un galvanomètre et un potentiomètre et terminée par deux électrodes impolarisables, et qu'on se rapproche du gisement, on commence à percevoir à quelques centaines de mètres du minerai (300^m par exemple) des différences de potentiel régulières, l'électrode la plus voisine de la lentille étant (presque toujours) négative par rapport à l'autre. La

---

([1]) Voici une liste des principaux gisements pyriteux étudiés : Sain-Bel, Rhône (pyrite pure); Vaux, Rhône (pyrite magnétique); Saint-Félix-de-Pallières, Gard (pyrite avec galène et blende); Herrerias et Campanario, Andalousie (pyrite cuivreuse); Bor, Serbie (pyrite avec covelline).

([2]) Les essais ont été faits sur la magnétite de Normandie et sur les oxydes de manganèse de Romanèche (Saône-et-Loire).

([3]) On peut donc retrouver des canalisations enterrées, comme s'il s'agissait de pyrite, sauf que les actions sont moins nettes.

différence de potentiel ainsi observée va en augmentant à mesure que l'on avance et peut atteindre jusqu'à quelques millivolts par mètre de ligne (¹). Dans la région au-dessus du minerai, le potentiel est à peu près constant, puis on constate après la traversée du gisement de nouvelles différences de potentiel, dirigées en sens inverse des précédentes.

Le résultat de ces mesures potentiométriques, que l'on effectue généralement le long d'un parcours rectiligne, se traduit commodément par un profil des potentiels sur lequel on porte les distances en abscisses et les potentiels en ordonnées (p. 18). Le maximum de l'écart entre le sommet du profil et les points éloignés peut atteindre jusqu'à 500 millivolts. On trace très aisément les lignes équipotentielles et l'on constate que celles-ci suivent approximativement le contour du gisement en entourant un centre de potentiels négatifs, au-dessus de celui-ci. Il y a d'ailleurs fréquemment vers les parties les plus humides du gîte un centre de potentiels positifs, peu étendu et enveloppé naturellement par des courbes. D'une manière générale, les lignes équipotentielles de polarisation spontanée se ferment bien, à la précision des mesures près (quelques millivolts). Elles paraissent stables ainsi que les profils, c'est-à-dire qu'on les retrouve inchangées, lorsqu'on reprend les mesures après un certain temps.

En résumé, pour reprendre l'image altimétrique habituelle, on observe au-dessus des gisements pyriteux un dôme de potentiels négatifs dont il est facile de tracer des profils ou des courbes de niveau. Le sommet de ce dôme et sa forme générale coïncident approximativement avec celles du gisement.

En ce qui concerne l'appareillage utilisé, signalons que le galvanomètre doit être sensible et que les électrodes impolarisables sont indispensables. En effet, les différences de potentiel à mesurer sont minimes et une erreur dépassant 10 millivolts devient notable. D'autre part, les phénomènes sont permanents et il est impossible d'éliminer les forces électromotrices de contact parasites, comme cela est réalisable par des commutations du courant pour les études de conductibilité (p. 36) (²).

(¹) L'effet le plus marqué constaté à ce sujet a été une différence de potentiel de 400 millivolts répartie sur 100ᵐ, soit en moyenne 4 millivolts par mètre (bordure nord-ouest de la lentille de Bor).

( ) L'action des courants telluriques, elle aussi, n'est pas éliminable. Au total,

La figure 56 représente la carte des potentiels de polarisation spontanée, avec profils et lignes équipotentielles, établie à Sain-Bel en 1913. Les zones hachurées représentent le gisement à l'étage 106, soit environ à 100^m au-dessous du niveau moyen du sol qui est d'ailleurs fortement accidenté dans cette région. On voit de suite que dans l'ensemble les courbes équipotentielles tracées enveloppent l'aplomb du minerai. La coïncidence serait d'ailleurs encore un peu meilleure, si l'on tenait compte des parties les plus élevées du gisement qui, avec l'exploitation actuelle, sont à environ 40^m au-dessous du sol [1]; le filon présente en effet une certaine inclinaison sur la verticale, d'où le décalage des courbes par rapport au minerai sur la moitié droite de la figure.

La zone centrale B est particulièrement importante. Elle a une longueur de 1^{km} et une largeur de plus de 500^m, c'est-à-dire que les phénomènes intéressent une région de plus de 50 hectares. La différence de potentiel entre les points très éloignés et le centre négatif atteint une valeur de 220 millivolts environ, ainsi que cela ressort du profil [2] établi le long de l'alignement xy au travers du gisement. Les courbes C_1 et C_2, tracées aux niveaux γ_1 et γ_2 du profil, sont à 50 et 100 millivolts au-dessous du sommet des potentiels.

Au-dessus de la mine se trouve une route passant sur un fort remblai de 15^m de hauteur, constitué par des terres rapportées et des détritus de toutes sortes. Il y a lieu de noter qu'un profil des potentiels tracé le long de cette route n'a présenté aucune anomalie. Ceci démontre que la nature du sol immédiatement sous-jacent ne joue pas de rôle.

A l'extrémité du gisement, en E, est apparu un centre positif, c'est-à-dire une région présentant des différences de potentiel et où l'intérieur des courbes est positif par rapport à l'extérieur, alors que l'inverse a lieu en règle générale. Je manque de données précises pour l'interprétation, mais il semble que les régions positives corres-

---

les courbes équipotentielles de polarisation spontanée ne sont pas d'un travail aussi juste que les courbes dans le cas d'un courant commuté; aussi constate-t-on des erreurs de fermeture plus importantes.

[1] Sauf aux deux extrémités A et D où le minerai doit se rapprocher bien davantage de la surface, ce qui a provoqué deux petits centres de polarisation indépendants A et D avec courbes équipotentielles fermées.

[2] Dans les profils de potentiel, 1^m à l'échelle du dessin représente 2,3 millivolts.

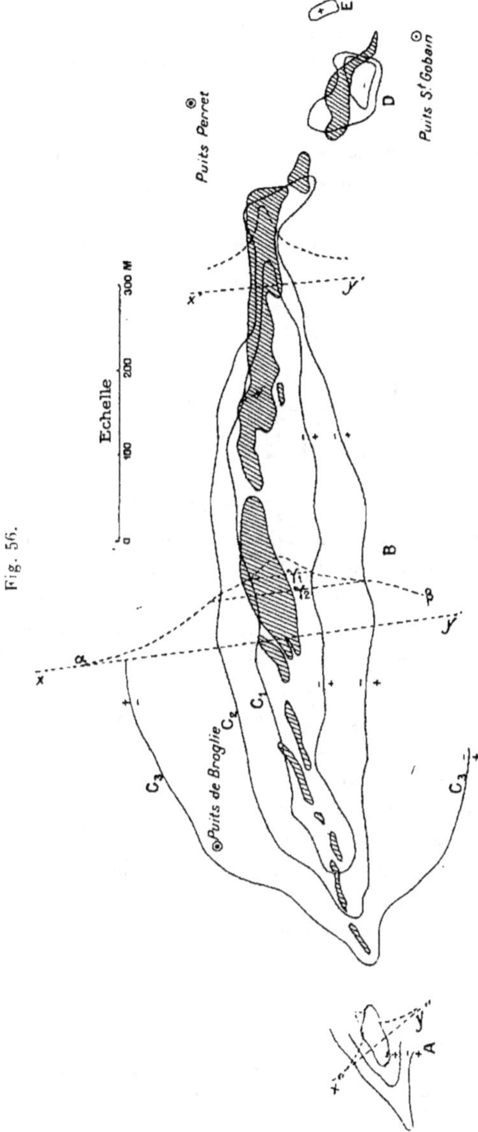

E
D
Puits Perret
Puits St Gobain
Echelle
0   100   200   300 M
Fig. 56.
x'
y'
x
y
α
β
γ₁
γ₂
B
C₁
C₂
C₃
C₃
Puits de Broglie
y''
x''
A

pondent habituellement à des parties faillées avec forte circulation d'eau, à proximité immédiate des lentilles de pyrite. Le centre positif E donne 75 millivolts de différence de potentiel d'avec les points éloignés.

Explication des phénomènes. — Pour me rendre compte du mécanisme de la polarisation spontanée, j'ai fait les expériences suivantes de laboratoire.

Lorsque l'on trempe dans l'eau un morceau de pyrite et que l'on

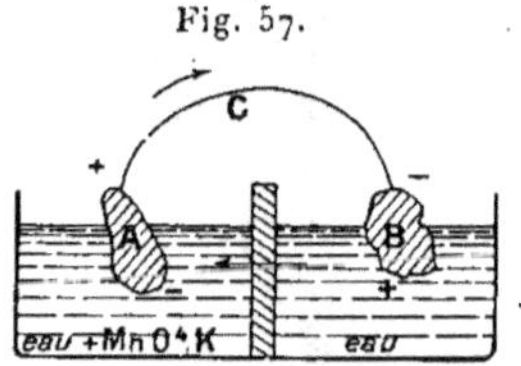

Fig. 57.

explore le liquide avec des électrodes impolarisables, on constate des différences de potentiel dans les alentours du minerai. Il y a dans l'eau contre la pyrite des centres négatifs et des centres positifs [1]. Les centres négatifs coïncident avec les zones d'oxydation. Notamment, dès que l'on provoque l'attaque de la pyrite par un oxydant (Az O^3 H, Cr O^3, Cl, Mn O^1 K), le point attaqué se présente comme négatif.

Un morceau de fer ou de zinc trempé dans l'eau donne lieu aux mêmes phénomènes, ainsi qu'un morceau de galène pure, ce qui me fait supposer que ce minerai peut lui aussi être actif dans des gisements naturels convenables.

On peut compléter ces essais par la constitution d'une véritable pile à électrodes de pyrite, permettant de faire des mesures précises de force électromotrice. Deux morceaux de minerai A et B, réunis par un fil métallique C, sont plongés dans les deux compartiments d'un vase à paroi centrale poreuse (*fig.* 57). Les compartiments

---

[1] Un centre négatif est une région où les potentiels de l'eau sont négatifs par rapport à ceux d'une région éloignée, dont le potentiel est pris égal à zéro. Dans un centre négatif le courant s'écoule donc vers le minerai, de manière à donner dans l'électrolyte une chute ohmique du sens voulu. C'est l'inverse pour un centre positif.

contiennent l'un un oxydant (côté A), par exemple une dissolution étendue de Mn O⁴ K, l'autre de l'eau pure. On constate que le courant s'écoule dans le fil de A vers B et par suite de B vers A dans l'électrolyte. L'électrode A est donc le pôle positif de la pile suivant les conventions habituelles. Toutefois, il ne faut pas perdre de vue que lorsque les mesures portent sur l'électrolyte (comme c'est le cas à la surface du sol), la portion de A qui est noyée dans le liquide et vers laquelle le courant se dirige, apparaît comme une région à potentiels négatifs, alors que B est lui-même un centre positif.

Remarquons que le sens du courant est tel qu'il tend par électrolyse à dégager de l'hydrogène contre la pyrite en voie d'oxydation, produisant ainsi un effet qui est opposé à la cause.

A la suite de ces quelques expériences, je crois pouvoir adopter

Fig. 58.

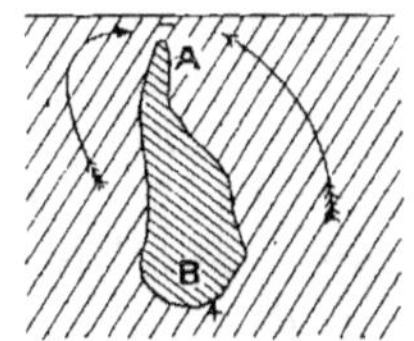

provisoirement l'explication suivante pour les phénomènes de polarisation spontanée des gisements. Une lentille de pyrite enfouie dans le sol, toujours plus ou moins humide, se comporte comme si elle était plongée dans l'eau (*fig.* 58). La partie supérieure A est soumise à une oxydation, surtout intense quand il y a des travaux entraînant des infiltrations. La partie profonde B reste au contraire intacte. Sous l'action de cette dissymétrie, le gisement forme pile et débite dans le sol ambiant un courant dirigé de B vers A et qui se ferme dans le minerai de A vers B. Le sommet A vers lequel le courant s'écoule de tous côtés constitue donc un centre de potentiels négatifs, les différences de potentiel étant dues à la chute ohmique qui résulte de la résistance du sol.

D'après cette hypothèse, il devrait y avoir en profondeur tout autour de B une région positive, celle d'où émane le courant. La constatation de l'existence d'une telle région, qui paraît facile à faire avec des travaux souterrains convenablement disposés, n'a pas encore eu lieu, malgré plusieurs tentatives ([1]). Par contre, l'observation des centres positifs au-dessus des points faillés et humides du gîte est plutôt une confirmation. On conçoit en effet que l'excellent conducteur, constitué par ces venues d'eau et réunissant le jour au fond, soit suivi par le courant qui, arrivé à la surface, s'écoule en nappe de tous les côtés et crée ainsi le centre positif. Si l'on veut, le potentiel de la profondeur est ramené au jour par le conducteur liquide.

Dans le cas fréquent d'un gisement contenant simultanément de la galène et de la pyrite, il y a en plus l'action de la pile constituée ainsi : eau-pyrite-galène-eau, avec contact sec entre la galène et la pyrite. Le sens du courant est tel qu'il va de la pyrite à la galène par le contact sec. L'électrolyse de l'eau produit donc un dégagement d'hydrogène sur la pyrite, ce qui est conforme à la loi de modération, l'effet (dépôt d'hydrogène et réduction de la pyrite) s'opposant à la cause du courant (oxydation de la pyrite).

Je ne pense pas que les multiples petites piles, orientées en tous sens, que contient ainsi un gisement avec mélange intime des deux minéraux, comme cela est le cas habituel, puissent produire un courant *d'ensemble* nettement observable. Par contre, exceptionnellement, on doit pouvoir rencontrer une colonne de pyrite en contact sec vers sa base avec une colonne de galène, ces deux masses minérales donnant dans le sol humide du jour un effet de pile important.

Notons que le fonctionnement des petits éléments pyrite-galène oxyde la galène et reporte ainsi sur ce minéral une partie de l'oxyda-

---

([1]) Il faut remarquer qu'une galerie en travers-bancs G recoupant le minerai (*fig.* 59) est difficilement utilisable, parce qu'il se produit rapidement, quand le

Fig. 59.

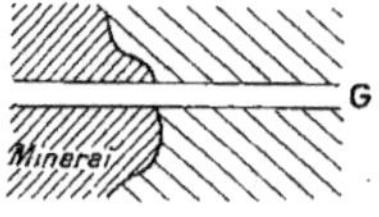

minerai est mis à l'air, une oxydation et donc un centre négatif secondaire. En fait, tous les essais en travers-bancs ont montré des potentiels négatifs en s'approchant du minerai. Ne pas oublier que la présence des rails dans les galeries de mine toujours un peu humides amène une grave perturbation, à cause des différences de potentiel produites par le fer lui-même.

bilité de la pyrite. En d'autres termes, la galène doit s'oxyder plus facilement en mélange avec de la pyrite que lorsqu'elle est seule.

Ces remarques s'étendent évidemment à tous les minerais complexes, constitués par des minéraux différents à conductibilité métallique.

Puisqu'il y a ainsi courant permanent dans le sol, cela entraîne une consommation continuelle d'énergie à laquelle les réactions chimiques [1] doivent faire face. Voyons si la chose est possible pour une lentille de pyrite en ce qui concerne l'ordre de grandeur. L'intensité du courant total débité par un gisement est chose inconnue, mais étant donnés les chutes ohmiques observées et le volume du terrain intéressé, on peut l'estimer grossièrement de l'ordre d'un ampère, ce qui correspond à un débit de 100 000 coulombs par jour. Nous ignorons les réactions chimiques exactes de cette pile complexe, du moins celles intervenant pour la production du courant. Nous prendrons comme base la seule oxydation du fer et admettrons que pour oxyder un atome-gramme de fer, qui est trivalent, il faut débiter 3oo ooo coulombs. Il s'oxyde dans ces conditions chaque jour 0,3 atome-gramme de fer, soit environ 40^g de pyrite. Il suffit donc pour entretenir le courant d'une consommation de 15^{kg} de minerai par an, soit 15 tonnes pour mille ans. On conçoit donc que l'oxydation des chapeaux de fer, que l'on rencontre sur les lentilles de pyrite, ait fourni sans difficulté l'énergie nécessaire au maintien permanent du courant depuis les temps géologiques.

Perturbations dues à divers phénomènes. — Les différences de potentiel que l'on constate à la surface du sol ne proviennent pas uniquement de la présence de pyrite ou d'un minerai. Il y a toute une série d'autres causes, que l'on peut grouper en trois catégories :

1° les courants telluriques ;

2° les réactions chimiques ou plus généralement le contact de substances de compositions chimiques différentes ;

3° l'électrocapillarité.

---

[1] Je laisse de côté les autres sources d'énergie qui ne me paraissent pas intervenir appréciablement. On peut imaginer par exemple que l'on est en présence d'une pile thermique fonctionnant sous l'action de la différence de température entre le fond et le jour.

Les courants telluriques ont une origine lointaine, peut-être cosmique ([1]), ils sont très irréguliers et il est impossible de démêler, exactement dans la différence de potentiel observée entre deux points du sol, quelle est la part exacte due à l'effet ohmique d'un courant tellurique. Seule une étude d'ensemble un peu prolongée doit éliminer cette perturbation, à cause même de son irrégularité. Toutefois, dans les recherches que j'envisage, où l'on n'opère qu'avec des lignes courtes et sur une portion peu étendue du sol, les erreurs commises de ce chef ne sont pas bien graves, la chute de potentiel produite par les courants telluriques ne paraissant pas dépasser un *maximum* de 0,2 millivolt par mètre. Si l'on expérimentait au contraire avec des lignes de quelques kilomètres de longueur, ce seraient les différences de potentiel telluriques qui deviendraient prédominantes et masqueraient les autres phénomènes ([2]).

Dans *les actions chimiques* ou effets de contact, il faut ranger le cas de la pyrite enfouie dans le sol. Les autres actions chimiques du sol me semblent ne donner en général lieu qu'à des phénomènes électriques beaucoup plus atténués. En effet, de nombreuses mesures sur le terrain ne m'ont révélé aucune différence de potentiel appréciable entre deux roches de natures différentes, telles par exemple que du granit et du calcaire; mais ces études sont encore très incomplètes ([3]).

L'expérience suivante montre que l'acidité ou la salure des eaux doivent jouer un rôle. Soient A et B deux vases contenant de l'eau et réunis par un siphon ([4]) (*fig.* 60); soient e et e' deux électrodes impolarisables au sulfate de cuivre, montées sur un potentiomètre G et touchant le liquide de A et de B. On constate que si l'on acidifie

---

([1]) Je laisse de côté les courants vagabonds produits par des tramways, etc.

([2]) On ne paraît pas s'être préoccupé jusqu'ici dans l'étude des courants telluriques de la nécessité d'employer des électrodes impolarisables à l'extrémité des lignes.

([3]) Comme observation de détail, notons qu'une tourbière peut présenter des centres négatifs très nets, avec des différences de potentiel totales allant jusqu'à 200 millivolts et une chute de 2 millivolts par mètre. Cette polarisation est peut-être liée à l'oxydation de la pyrite contenue dans la tourbe, car on constatait aux points étudiés d'abondants dépôts jaune d'oxyde de fer.

([4]) Il faut éviter, pour séparer les liquides, les cloisons poreuses à cause des phénomènes électrocapillaires qu'elles produisent.

l'eau de B ou plus généralement si l'on y dissout un électrolyte quelconque (KOH, Na Cl, etc.), B devient négatif par rapport à A ; la différence de potentiel peut atteindre 100 millivolts pour des concen-

Fig. 60.

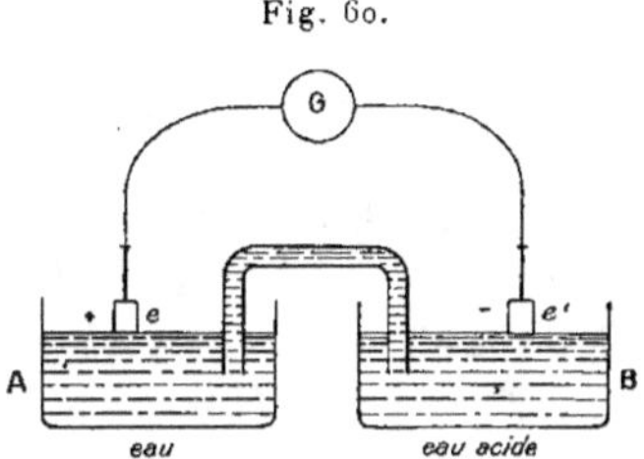

trations assez modérées (¹). Il est en conséquence possible que les eaux sulfuriques produites par l'oxydation du minerai interviennent dans la polarisation spontanée des lentilles de pyrite.

Les actions électrocapillaires sont importantes. On sait que la circulation d'un électrolyte quelconque, par exemple de l'eau, dans un diélectrique en poudre tel que du sable, provoque des différences de potentiel dont le sens est celui de l'écoulement liquide ou l'inverse suivant la nature des corps en contact. Cet effet, qui dépend donc essentiellement des éléments considérés, est inversement proportionnel à la conductibilité de l'électrolyte et proportionnel à la pression provoquant l'écoulement, du moins lorsque l'on peut parler de pression, ce qui n'est pas le cas notamment dans l'imbibition d'un corps poreux par capillarité.

L'expérience suivante est facile à réaliser. Dans un bain d'eau, on place une petite coupelle A sèche, en terre poreuse, qui se mouille

Fig. 61.

intérieurement par ascension de l'eau (*fig.* 61). On constate, toujours

---

(¹) A remarquer que la mesure ne donne pas la force électromotrice de contact des deux liquides : eau — eau acidulée, mais bien la force électromotrice totale de la chaîne : sulfate de cuivre — eau — eau acidulée — sulfate de cuivre. Le résultat dépend donc de la nature des électrodes choisies e et e'.

au moyen d'électrodes impolarisables, qu'il existe une différence de potentiel, de quelques dizaines de millivolts par exemple, entre l'intérieur de A et l'eau extérieure en B. Ces phénomènes interviennent évidemment d'une manière constante dans le sol et ils risquent d'amener des erreurs notables dans les études de polarisation.

La circulation de l'eau peut avoir deux origines. Elle est due soit à la gravité (infiltrations dans les failles, le long des bancs de sable des rivières), soit à la capillarité [ascension (¹) vers la surface où l'humidité s'échappe par évaporation (²)]. La gravité ne provoque pas, semble-t-il, de différence de potentiel notable, parce que la pression opérante est trop faible et dépasse rarement quelques mètres d'eau (³), mais il n'en est pas de même des actions capillaires. Voici quelques observations à ce sujet. Lorsqu'une électrode trempe dans l'eau et que l'autre touche le sol voisin, l'eau paraît positive (ascension par capillarité comme dans le cas de la coupelle). Sur les grèves de la mer, on constate une différence de potentiel de quelques millivolts entre les portions élevées d'un banc de sable et les portions basses (⁴). Entre un champ labouré fraîchement, où l'évaporation entraîne une rapide ascension de l'eau profonde, et une culture non remuée, il y a normalement une dizaine de millivolts.

(¹) Sauf en cas de pluie, où l'imbibition se fait de haut en bas.

(²) L'eau qui s'évapore du sol est donc électrisée et de signe contraire au sable à travers lequel elle s'est élevée. Si, dans son évaporation, cette eau entraîne partie de sa charge, il doit en résulter une électrisation du sol et une différence de potentiel entre la terre et la vapeur de l'atmosphère (condensée ou non). Peut-être ces phénomènes électrocapillaires jouent-ils un rôle important dans toutes les questions d'électricité atmosphérique.

(³) *Voir* Quincke, *Annales de Poggendorff*, 1850-1860, sur la différence de potentiel produite par la pression de filtration. D'après les chiffres indiqués, qui sont surtout notables pour le sable quartzeux, il ne pourrait y avoir que des différences de potentiel de l'ordre de quelques millivolts. Mes expériences de filtration à travers les sables, quoique très incomplètes à l'heure actuelle, confirment la petitesse du phénomène.

(⁴) L'eau de mer, dans mes essais, était négative par rapport au sable. Le changement de signe, par rapport à l'observation habituelle, peut provenir du fait que l'eau est salée, soit de ce que le mouvement de l'eau dans le sable a lieu vers la mer (gravité) et n'est pas dû à l'évaporation (ascension capillaire). Les différences de potentiel sont petites à cause de la bonne conductibilité de l'eau. Deux flaques d'eau de mer dans les rochers présentent toujours entre elles par exemple une dizaine de millivolts. Les mesures paraissent concordantes et correctes.

En résumé, les différences de potentiel d'origine électrocapillaire jouent un rôle notable. Elles obligent à beaucoup de soin dans les études de la polarisation des gisements. Leur principal inconvénient est de limiter la sensibilité de la méthode d'étude, en empêchant pratiquement de tenir compte des faibles différences de potentiel.

Application à la prospection.. — L'observation des phénomènes décrits paraît, à première vue, être susceptible de rendre de sérieux services dans la prospection des minerais pyriteux divers. Leur mesure n'exige qu'un matériel léger, facile à manier; elle est extrêmement rapide; l'action des gisements se fait sentir à notable distance, pour ceux du moins qui sont importants. On peut donc battre méthodiquement le sol hectare par hectare, avec une vitesse que j'évalue, en terrain favorable, à au moins 20 hectares par jour avec une équipe de deux hommes (un prospecteur et un aide). Le travail ne laissant aucune trace, le secret absolu est facile à garder, même vis-à-vis de l'aide qui ne voit pas les indications des appareils. Enfin, dans le cas où une région intéressante est signalée, celle-ci est ensuite étudiée plus à fond par les méthodes de conductibilité, qui doivent permettre, avec ou sans sondage, de se faire une idée sur la forme et l'importance du gisement. Le tout constitue donc une méthode de prospection tentante. L'expérience montrera ce que ce premier optimisme a de justifié.

Discutons tout de suite deux graves objections que l'on peut faire dès aujourd'hui.

Il semble que la pyrite en grains disséminés dans la roche puisse présenter de la polarisation ([1]). C'est ainsi que j'ai rencontré une longue bande de terrain, donnant par places des différences de potentiel notables (200 à 300 millivolts) et qui *paraît* correspondre à une traînée de schistes fortement pyritisés, bien que des travaux de recherche ne l'aient pas encore démontré. Comment distinguer une telle zone, sans intérêt minier, d'un puissant gisement compact de grande valeur ? Certes, l'allure générale du phénomène, l'accentuation de la polarisation aux points saillants où l'infiltration des eaux

---

([1]) Je n'ai pas encore réussi à réaliser en laboratoire l'équivalent d'un terrain pyritisé présentant de la polarisation. D'autre part, je ne vois pas d'explication théorique satisfaisante pour un tel phénomène.

active l'oxydation de la pyrite, doivent servir de guide. Néanmoins l'aléa subsiste.

La seconde objection concerne le peu d'activité que risque de manifester un gisement *vierge*, même peu profond. Toutes les mesures que j'ai faites (Sain-Bel, Bor, etc.) l'ont été sur des lentilles en exploitation ou tout au moins reconnues par quelques galeries. C'était d'ailleurs une condition nécessaire pour me permettre d'apprécier si le résultat des observations concordait avec la réalité. Or, dans une mine, même très peu travaillée, il y a toujours des infiltrations, d'où un réveil énergique des actions oxydantes ([1]). Si celles-ci sont la cause unique du phénomène, il est probable que la polarisation des gisements neufs, les seuls qui intéressent le prospecteur, est peu importante et elle risque de tomber dans l'ordre de grandeur des erreurs d'expérience (10 à 20 millivolts). Cela est d'autant plus vrai que le minerai est plus profondément enfoui dans le sol et entouré d'une roche plus compacte et imperméable.

Je résume mon opinion actuelle de la manière suivante. Alors qu'au début des essais, je croyais apprécier aisément l'importance d'un gisement à l'ampleur de sa polarisation ([2]), je crains aujourd'hui que les gisements vierges, même développés, ne se signalent que par une polarisation localisée près de leur sommet et que celle-ci ne soit perceptible avec sécurité que lorsque le minerai arrive près du jour (10^m par exemple), du moins si la porosité du sol et la position du niveau hydrostatique ne favorisent pas l'oxydation. Enfin, on risque peut-être de confondre un terrain pyriteux avec un gisement de pyrite massive.

Pour la recherche des vieux travaux, la prospection par polarisation serait excellente.

Constatations faites à Sain-Bel en 1920. — Au moment de donner le « bon à tirer » du présent Mémoire, j'ai eu l'occasion de faire les importantes constatations suivantes sur le filon de Sain-Bel.

A l'extrémité sud du gisement (région A de la carte de la page 79)

([1]) Suffisamment violentes parfois pour entraîner l'échauffement et la combustion de la pyrite.

([2]) La différence entre la grande lentille de Sain-Bel et les petits amas du voisinage est frappante à ce point de vue.

des travaux souterrains, exécutés pendant la guerre, ont recoupé
à 40 et à 50^m au-dessous de la surface une mince lentille de très
belle pyrite. Or celle-ci coïncide exactement avec les courbes de
polarisation spontanée déterminée en 1913, et qui présentent en ce
point un petit centre négatif. La minéralisation a une longueur de
50^m. Son épaisseur, non encore reconnue, paraît ne pas dépasser
quelques mètres. La pyrite arrive probablement très près du jour,
mais elle y est cachée par de la terre végétale et tout à fait invi-
sible.

Ces travaux souterrains sont vieux déjà de deux ans. Ils n'ont en
rien modifié les phénomènes de polarisation du sol, qui en mars 1920
ont été reconnus identiques à ceux observés en 1913. Les eaux d'infiltration dans les galeries ne jouent donc pas dans l'espèce de rôle
notable.

En résumé, ces constatations démontrent rigoureusement la possibilité de découvrir, par l'observation de la polarisation spontanée, un
gisement de pyrite entièrement vierge, pourvu qu'il ne soit pas trop
profond.

CONCLUSIONS D'ENSEMBLE.

Il n'est pas encore possible de se rendre bien compte des services pratiques que les diverses méthodes de prospection électrique exposées ci-dessus sont susceptibles de rendre dans leur forme actuelle. On ne pourra se prononcer avec certitude qu'après de nombreux essais, suivis de travaux sérieux de recherche.

Néanmoins, il faut noter la très grande souplesse et la généralité d'application. Il y a donc tout lieu de supposer que, parmi les innombrables problèmes qui se posent dans l'industrie minière, les recherches hydrauliques et les études scientifiques de la croûte terrestre, certains se présenteront d'une manière favorable et pourront être résolus convenablement. J'ajoute que les études que j'ai entreprises depuis novembre 1919 et qui ne sont pas exposées ci-dessus, ont accentué mon opinion optimiste antérieure.

Les procédés électriques ne donneront probablement jamais des résultats précis tout à fait certains. Leur domaine sera de fournir des indications plus ou moins nettes, servant de guide pour orienter les recherches par sondages, puits ou galeries. Ce rôle d'auxiliaire doit avoir son intérêt. Un travail souterrain renseigne parfaitement sur la composition des roches traversées, mais il n'explore pour ainsi dire qu'un seul point du sol, et les déductions que l'on en tire ont tous les inconvénients des extrapolations; son exécution est généralement très lente et coûteuse. La prospection électrique paraît devoir présenter des propriétés inverses : manque de précision, mais possibilité d'étudier de vastes espaces, très rapidement, économiquement et en donnant une vue d'ensemble des terrains.

Ces caractéristiques opposées et complémentaires s'affirment encore sur d'autres points. Le courant décèle bien les hétérogénéités verticales (failles, filons, couches redressées) qui échappent si facilement aux sondages. Il paraît par contre à peu près impuissant pour

l'étude des strates sédimentaires horizontales (couches ‘de charbon,
de potasse), que les forages recoupent, eux, avec un minimum d'aléa.

En ce qui concerne les profondeurs atteignables, je pense que les
méthodes électriques conserveraient un large champ d'application,
même si l'investigation du sous-sol n'était que très superficielle et
ne dépassait par exemple pas une épaisseur courante d'une vingtaine
de mètres. Il est en effet hors de doute que beaucoup de gîtes ou de
dispositions de roches actuellement inconnues ne sont masquées que
par des recouvrements insignifiants d'alluvion, de limon ou de terre
végétale, ceci tout particulièrement dans les pays équatoriaux et dans
les contrées à faible relief.

La présente étude ne constitue qu'un début. Des perfectionne-
ments ou d'autres méthodes analogues se présentent à l'esprit et
paraissent mériter d'être expérimentés sérieusement. Lorsque l'on
songe aux sommes formidables gaspillées chaque année en recherches
inutiles, surtout dans les mines métalliques, on doit souhaiter que
des efforts importants soient entrepris pour découvrir et mettre au
point des méthodes de prospection à distance, même si leur champ
d'action se trouve limité à quelques mètres de profondeur.

ANNEXE.

Travaux de prospection électrique effectués en Suède. — M. Gunnar Bergström, ingénieur des mines, et M. Carl Bergholm, docteur à l'Université d'Upsal, ont, au cours de deux conférences faites le 14 novembre 1918 à Stockholm, donné des renseignements intéressants sur les travaux de prospection électrique exécutés en Suède depuis 1913. Ces conférences ont été publiées dans la *Tenisk Tidskrift, Kemi och Bergvetenskap*, 1918, cahier 12. Elles complètent un compte rendu plus sommaire du *Svegires Geologiska Undersökning, Arsbok* 7 (1913), n° 6.

La méthode adoptée consiste essentiellement dans le tracé de lignes équipotentielles, en se servant d'une bobine d'induction comme source de courant et d'un téléphone dans la ligne d'observation. Elle dérive donc directement de la technique du procédé Daft et Williams (p. 4, qui a été appliqué en dernier lieu en Suède par M. Slade Olver (1906).

La conférence de M. Bergholm a un caractère théorique. L'auteur y insiste particulièrement sur l'emploi comme prises de terre de fils rectilignes parallèles disposés sur le sol, ce qui donne aux courbes équipotentielles en terrain homogène la forme somple de droites parallèles, dans la mesure du moins où le contact avec le sol est assuré d'une manière régulière tout le long des fils. L'allure des déformations que doit produire sur les équipotentielles le passage d'un filon conducteur est discutée avec un certain détail et en envisageant plusieurs cas différents.

M. Bergström rend compte des essais de prospection électrique exécutés en Suède jusqu'en 1913, puis il décrit les travaux qu'il a lui-même entrepris sur le terrain, en collaboration avec M. Bergholm et sur l'initiative de la Société « Svenska Diamantbergbornings Aktiebolaget ». Des figures représentent les courbes équipotentielles obtenues dans les quatre régions suivantes : Västra Mansgrufvan à

Norberg (mine de fer avec magnétite); Anggrufvan Salsta Grufvor (mine de fer avec magnétite); Orkla Gruber, à Lökken, Norvège (mine de pyrite cuprifère); Hufvudmalmen, à Lökken. Les auteurs utilisent des prises de terre soit punctiformes, soit linéaires, soit au minerai. Les figures montrent des déformations parfois très notables des équipotentielles; l'interprétation précise de ces perturbations n'est pas donnée.

Les savants suédois ne paraissent pas s'être préoccupés de la numérotation des courbes, c'est-à-dire des mesures relatives des chutes de potentiel. Ils ont reproduit en laboratoire certains phénomènes observés sur le terrain, en opérant non sur un sol artificiel à trois dimensions, mais seulement sur un plan conducteur (papier buvard humide).

Bien que ces travaux ne semblent pas avoir encore abouti à la découverte de nouveaux gisements, vérifiés par des reconnaissances souterraines, les auteurs sont pleins de confiance dans l'efficacité des méthodes. Il est certain que leurs recherches constituent, pour la mise au point de la prospection électrique, une contribution dépassant de beaucoup les essais antérieurs à 1912, qui, ne l'oublions pas, étaient déjà dus en partie à l'initiative de Suédois.

FIN.

TABLE DES MATIÈRES.

	Pages.
Préface de la première édition	V
Préface de la deuxième édition	XI

Chapitre I. — *Essais de prospection électrique antérieurs à 1912.*

Méthode par mesure de résistance	1
Méthode téléphonique	4
Méthode par ondes hertziennes	5

Chapitre II. — *Conductibilité électrique des diverses roches et minerais.* 8

Chapitre III. -- *Étude théorique de la méthode de la carte des potentiels.*

Principe de la méthode	11
Étude théorique du terrain homogène plan	12
Répartition du courant dans le sol	14
Profils de potentiel et profils de champ électrique	17
Perturbations de la carte des potentiels produites par la présence d'hétérogénéités dans le sol	19
Réfraction des surfaces équipotentielles au passage d'un milieu dans un autre	22
Exemple théorique de perturbation	24
Perturbations dues au relief du sol	25
Action de la conductibilité verticale	25
Profondeur possible d'investigation	26

Chapitre IV. — *Mode opératoire pour l'établissement d'une carte des potentiels.*

Généralités	30
Choix du courant continu	32
Électrodes impolarisables	33
Élimination des erreurs dues à la polarisation spontanée et aux courants telluriques	36
Renseignements divers sur les appareils	36
Précision des résultats	37

Chapitre V. — *Application de la carte des potentiels à l'étude d'un terrain stratifié redressé.*

Pages.

Direction de la stratification...................................... 39
Sens du pendage.. 44
Localisation d'un banc de roche déterminé.......................... 46
Détermination des failles et mesure de l'amplitude des rejets horizontaux.. 48
Expériences de Fierville-la-Campagne............................... 49
Expériences de Soumont... 53

Chapitre VI. — *Étude de la forme d'un amas conducteur.*

Principe.. 58
Expériences de Bor... 61

Chapitre VII. — *Répartition du courant en profondeur dans le sol.*

Principe.. 66
Mesure de l'épaisseur d'une couche superficielle conductrice....... 70

Chapitre VIII. · - *Polarisation provoquée*.................... 72

Chapitre IX. — *Polarisation spontanée.*

Généralités.. 75
Description des phénomènes observés................................ 76
Explication des phénomènes... 80
Perturbations diverses (courants telluriques, actions chimiques, électro-capillarité) 83
Application à la prospection.. 87
Constatations faites à Sain-Bel en 1920............................ 88

Conclusions d'ensemble.. 91

Annexe 93

FIN DE LA TABLE DES MATIÈRES.

88725   Paris. — Imp. Gauthier-Villars et Cⁱᵉ, 55, quai des Grands-Augustins.

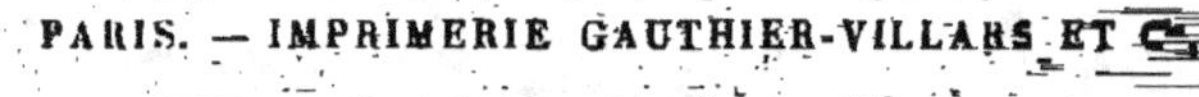

PARIS. — IMPRIMERIE GAUTHIER-VILLARS ET Cie,

88725   Quai des Grands-Augustins, 55.

9 782329 041391